# ZEITTAFELN ZUR GESCHICHTE DER ORGANISCHEN CHEMIE.

### EIN VERSUCH.

VON

## PROF. DR. EDMUND O. VON LIPPMANN,

DR.-ING. E. H. DER TECHNISCHEN HOCHSCHULE ZU DRESDEN,
DIREKTOR DER „ZUCKERRAFFINERIE HALLE" ZU HALLE A. S.

SPRINGER-VERLAG BERLIN HEIDELBERG GMBH

1921

ISBN 978-3-662-22737-4  ISBN 978-3-662-24666-5 (eBook)
DOI 10.1007/978-3-662-24666-5

ALLE RECHTE, NAMENTLICH DAS RECHT DER ÜBERSETZUNG
IN ANDERE SPRACHEN, VORBEHALTEN.

COPYRIGHT 1921 SPRINGER-VERLAG BERLIN HEIDELBERG

URSPRÜNGLICH ERSCHIENEN BEI JULIUS SPRINGER, BERLIN 1921.

DER TECHNISCHEN HOCHSCHULE
ZU DRESDEN

IN DANKBARKEIT GEWIDMET

# Vorrede.

In chemischen und noch weit mehr in medizinischen Kreisen herrscht bedauerlicherweise sehr allgemein die größte Unkenntnis hinsichtlich der Geschichte der organischen Chemie: was nur einigermaßen hinter der vielgerühmten Jetztzeit zurückliegt, ist „terra incognita", und selbst betreffs hervorragend wichtiger Substanzen, wie etwa des Chinins, des Chloroforms, der Salicylsäure usf., wird man erfahrungsgemäß auf die Frage, wann, wie und durch wen sie zuerst aufgefunden oder dargestellt wurden, nur ausnahmsweise eine zutreffende Antwort zu erwarten haben. Auch die Lehrbücher bieten, abgesehen von einigen wenigen, z. B. dem älteren von ROSCOË-SCHORLEMMER und dem neueren von V. MEYER-JACOBSON, zumeist nur dürftige historische Angaben; die zwei Geschichten der organischen Chemie hinwiederum, die von HJELT (1916) und die von GRAEBE (1920), besitzen unbegreiflicherweise keine Sachregister, wodurch der praktische Wert der beiden so vortrefflichen und reichhaltigen Werke außerordentlich beeinträchtigt und ein rasches Nachschlagen unmöglich gemacht wird.

Diese Umstände rechtfertigen, wie ich glaube, die Veröffentlichung der vorliegenden „Zeittafeln". Erste Anregung zu ihrer Herausgabe bot ein Gespräch mit meinem verstorbenen Freunde, Herrn Geheimrat Prof. Dr. J. VOLHARD, gelegentlich einer Sitzung der Halleschen Naturforschenden Gesellschaft im Jahre 1905. Ziemlich umfassende Aufzeichnungen besaß ich schon damals, und seither blieb ich stets bestrebt, sie zu vermehren und zu vervollständigen; zur endgültigen Anordnung und Niederschrift gelangte ich aber erst nach Abschluß meines Werkes „Entstehung und Ausbreitung der Alchemie" gegen Anfang 1919, und während der trüben und bis zur Erschöpfung aufregenden Zeiten, die seither über Vaterland und Beruf hereinbrachen, erhielt mich diese Arbeit leistungsfähig. Ich habe sie als einen „Versuch" bezeichnet, denn ich bin mir über ihre Schwierigkeiten und Mängel keineswegs unklar: erstens kann auf einem so unübersehbaren Gebiete kein einzelner die wünschenswerte vollständige Sachkenntnis besitzen; zweitens ist es aussichtslos, die allein mögliche Auswahl so zu treffen, daß sie jedermann befriedigt; drittens sind fehlerhafte Auffassungen, sowie irrtümliche Wiedergaben von Tatsachen und Zusammenhängen, Namen und Zahlen usf., auch bei bestem Willen und größter Sorgfalt unvermeidlich. Nach allen diesen Richtungen zähle ich auf die Einsicht wohlwollender Leser und bitte sie, mir alle Lücken und Fehler, die sie bemerken, zwecks Ergänzung und Berichtigung mitzuteilen.

Begonnen habe ich meine Darstellung mit dem Jahre 1500. Zwar kannte schon das Altertum eine Anzahl organischer Stoffe in mehr oder weniger reinem Zustande, z. B. (in alphabetischer Ordnung aufgezählt): allerlei ätherische und aromatische Substanzen (in Gestalt von Auszügen und Preßsäften); Blei-Acetate (dargestellt von den alexandrinischen Alchemisten durch Lösen von Bleiweiß in Essigsäure); Bleisalze höherer Fettsäuren (Bleipflaster des Arztes MENE-KRATES); Essigsäure und essigsaure Salze; Fette; Gerbstoffe (über ihre Benützung zum Nachweis eines Eisengehaltes im Alaun durch Schwärzung siehe bei PLINIUS); verschiedene Gifte; Gummi; Indigo; Kupferacetat; Lanolin; Naphtha; Öle; Saponine; Seife; Stärke; Terpentinöl; Wachse; Weinstein. Zu diesen traten dann im Laufe des Mittelalters noch weitere, u. a. Campher[1]), Rohrzucker[2]), destillierter Essig, destilliertes Rosenöl, nach Art des Rosenöls destillierte ätherische Öle, Alkohol, destilliertes Terpentinöl usf. Da aber kaum für einen von ihnen völlige Einheitlichkeit wahrscheinlich zu machen, geschweige denn sicherzustellen ist, habe ich sie nicht mit aufgenommen, verweise vielmehr betreffs alles Näheren auf die beiden Bände meiner „Abhandlungen und Vorträge zur Geschichte der Naturwissenschaften" (Leipzig 1906 u. 1913), sowie auf meine späteren, zumeist in der „Chemiker-Zeitung" veröffentlichten Aufsätze historischen Inhaltes. Nicht unerwähnt möchte ich hingegen lassen: daß der arabische Gelehrte AL-DSCHÂHIZ (778—868?) die Entstehung des Ammoniaks (daher des Salmiaks) aus gewissen Bestandteilen tierischer Abfälle bei der trockenen Destillation kennt[3]); daß der Araber NABARÂWI (um 1150?) das Klären unreiner Zuckerlösungen mit Bleiessig beschreibt, und einen Überschuß des letzteren durch die Schwärzung mittelst Gasen nachweist, die ganz offenbar Schwefelwasserstoff enthielten[4]); endlich daß in Werken des ausgehenden 13. und beginnenden 14. Jahrhunderts, die man dem ARNALDUS VON VILLANOVA, dem RAYMUND LULL, und dem sog. MARCUS GRAECUS zuzuschreiben pflegt (die ihnen aber zumeist nur untergeschoben sind)[5]), von destillierten Ölen die Rede ist, u. a. von Terpentinöl, Rosmarinöl, Salbeiöl, Bittermandelöl, Rautenöl und Zimmtöl, sowie daß einiger von diesen die echten Werke des JOHANNES DE SANCTO AMANDO (um 1300) ebenfalls gedenken[6]). Aber auch von derlei Präparaten gilt das oben Gesagte, und wenn man die Unbestimmtheit in Betracht zieht, mit der z. B. noch 1549 KHUNRATHS „Medulla destillatoria" die „Olitaeten nach chymischer Art" auf Hunderten von Seiten abhandelt[7]), ja bei der es selbst die besten Schriften des 18. Jahrhunderts bewenden lassen, wie z. B. STAHLS „Materia medica" (Dresden 1744), oder noch die letzte Ausgabe von SPIELMANNS „Anleitung zur Kenntnis der Arzneimittel" (Straßburg 1785), so wird man der Wahl von 1500 als unterster Grenze wohl zustimmen dürfen. Hinsichtlich mancherlei Einzelheiten folgte

---

[1]) Im Okzident zuerst erwähnt im „Tetrabiblos" des AËTIOS, gegen 600 (TSCHIRCH „Handbuch der Pharmakognosie", Leipzig 1909ff.; 2, 1133).
[2]) Um die nämliche Zeit: s. meine „Geschichte des Zuckers" (Leipzig 1890).
[3]) VAN VLOTEN „Al-Dschâhiz", üb. RESCHER (Stuttgart 1918), 20.
[4]) S. meinen Aufsatz in der „Zeitschrift des Vereins der Deutschen Zuckerindustrie" 1917, 66 (Bd. 67), auf Grund der Übersetzung von E. WIEDEMANN.
[5]) TSCHIRCH, a. a. O. 1, 873; 2, 891.
[6]) TSCHIRCH, ebd. 1, 873.
[7]) TSCHIRCH, ebd. 1, 877; Hamburger Ausgabe von 1605, S. 279—628.

ich hierbei vorwiegend den Angaben TSCHIRCHS, dessen Einladung, die Korrekturen seines unvergleichlichen Riesenwerkes mitzulesen, ich eine außerordentliche Erweiterung meiner einschlägigen Kenntnisse verdanke.

Fortgeführt sind die Zeittafeln bis 1890; sie mit diesem Jahre abzuschließen, veranlaßten mich verschiedene Gründe, die auch einstimmige Billigung seitens befragter Fachgenossen fanden. Durch eine größere Anzahl besonders wichtiger Untersuchungen, namentlich aber durch die FISCHERsche Synthese der Glykose und die HEUMANNsche des Indigos, stellt 1890 schon an sich einen wahren Markstein in der Geschichte der organischen Chemie dar; 1890 begann aber auch der eigentliche Massenbetrieb dieser Wissenschaft, der schon in den nächsten zehn Jahren mehr Material zutage förderte, als die vorhergehenden hundert angehäuft hatten; um die nämliche Zeit setzten ferner die Vervollkommnung des Referatenwesens und die Ausgabe des erweiterten BEILSTEINschen Handbuches und anderer großer Sammelwerke ein, die eine vollständige und rasche Kenntnisnahme gerade der neueren Errungenschaften gestatten; endlich haben die heute tätigen Chemiker in ihrer Mehrzahl die Entwicklung seit 1890 ganz oder größtenteils noch miterlebt, so daß sie ihnen immerhin weit unmittelbarer gegenwärtig ist, als jene während früherer Epochen.

Da meine Absicht nur dahin ging, dem Mangel an geschichtlicher Übersicht abzuhelfen, nicht aber die Zahl der vorhandenen historischen Werke um ein weiteres zu vermehren, schien mir größte Kürze am Platze. In der Regel beschränken sich daher die Angaben auf die Jahreszahl, auf den Namen der Substanz (und zwar den heute üblichen und daher allgemein verständlichen), auf eine Andeutung ihrer ursprünglichen Abscheidung oder Darstellung, auf den Namen des Entdeckers, und auf den Ort der ersten Veröffentlichung; soweit es mir möglich war, suchte ich die Originalquellen auszumitteln, im übrigen mußte ich auf zuverlässige Handbücher älterer und neuerer Herkunft zurückgreifen. Die Bezeichnungen, unter denen alle diese sich angeführt finden, habe ich in alphabetischer Reihenfolge zusammengestellt und sie lassen wohl nirgendwo Zweifel aufkommen; die Abkürzung „beob." bedeutet, daß ein Stoff nur als vorhanden beobachtet, nicht aber rein abgeschieden und genau untersucht wurde; bei Worten wie „Ätherisches Öl", „Aldehyd", „Alkaloid", „Isomerie", „Osazon" u. dgl., weisen die Anführungszeichen darauf hin, daß die betreffenden Fachausdrücke an dieser Stelle zum ersten Male auftreten. In den Zitaten aus Zeitschriften geben die ersten arabischen Zahlen stets die Bandnummern an, die folgenden arabischen die Seitenzahlen, vorausstehende römische aber die Serienbezeichnung, also z. B. A. ch. III, 15, 108, 245 = Annales de Chimie et de Physique, Serie III, Bd. 15, S. 108 u. 245; bei Büchern, die nur einen Band umfassen, bedeutet die angeführte Zahl die der Seite, bei mehrbändigen Werken beziehen sich die Ziffern auf Band und Seite, also z. B. TSCHIRCH 2, 875 = Bd. 2, S. 875. — Da der Leser in manchen Fällen wünschen wird, über Natur und Eigenschaften der Substanzen oder über Leben und Geschicke der Autoren rasch Näheres zu erfahren, scheute ich die Mühe nicht, meinen Angaben noch nachträglich die Seitenzahlen aller wichtigen Stellen in den Werken von HJELT (Hj.) und GRAEBE (Gr.) beizufügen, um so einen gewissen Ersatz für deren fehlende Sachregister zu bieten. Neben den Substanzen selbst finden sich auch belangreiche allgemeine Reaktionen berücksichtigt, sowie analytische

Verfahren und einzelne Theorien von Bedeutung; doch konnten alle diese nur kurz angeführt, nicht aber ihrem Wesen nach ausführlicher erläutert werden.

Auf spätere Arbeiten über schon einmal besprochene Stoffe ist nur dann verwiesen, wenn ihre Wichtigkeit dies rechtfertigte, oder wenn sie (zumal in älteren Zeiten) erkennen lassen, mit welchen Schwierigkeiten die ersten Darstellungen und Identifizierungen verbunden waren. Eingehende Sorgfalt ist hingegen der Etymologie der Bezeichnungen gewidmet, um so mehr, als den meisten Chemikern die Kenntnis des Griechischen ganz oder so gut wie ganz fehlt, und vielfach auch schon die des Lateinischen. Nicht berücksichtigt wurden jedoch in der Regel jene Namen, die sich unmittelbar von den geläufigen botanischen ableiten, wie z. B. Aconitsäure, Arbutin, Asparagin, Colchicin, Coniin, Crotonsäure, Geraniol, Limonen, Menthol, Tropaeolin, Valeriansäure usf.

Die chronologische Anordnung bietet auch insofern vieles Lehrreiche und Anregende, als sie das Auftreten und die Lebensarbeit der führenden Geister übersichtlich hervortreten läßt, zugleich aber verhütet, daß neben dem Glanze solcher Sterne ersten Ranges das mildere Licht derer von zweiter und dritter Größe gänzlich verblasse; sie lenkt ferner in nachdrücklicher Weise die Aufmerksamkeit darauf, daß zum Aufbaue des Tempels der Wissenschaft seit jeher aller Herren Länder gleich wertvolle und unentbehrliche Werksteine beisteuerten. Daß es heute nötig ist, für diese, noch vor wenigen Jahren völlig selbstverständliche und als Gemeingut aller Gebildeten geltende Wahrheit, aufs neue ernstlich in die Schranken zu treten, zählt freilich zu den traurigsten Zeichen unserer Zeit.

Halle a. S., den 5. August 1921.            Der Verfasser.

### Abkürzungen für oft angeführte Titel von Büchern und Zeitschriften.

BERGMAN = BERGMAN, ,,Opuscula physica et chemica" (Stockholm u. Leipzig 1779ff.).
BERZELIUS = BERZELIUS, ,,Lehrbuch der Chemie", üb. WÖHLER (Dresden 1828).
DUMAS = DUMAS, ,,Handbuch der organischen Chemie", üb. ENGELHART (Nürnberg 1837ff.).
FLÜCKIGER = FLÜCKIGER, ,,Pharmakognosie des Pflanzenreiches" (Berlin 1891).
FLÜCKIGER-HANBURY = FLÜCKIGER-HANBURY, ,,Pharmacographia" (London 1879).
GR. = GRAEBE, ,,Geschichte der organischen Chemie" (Berlin 1920).
GUARESCHI = GUARESCHI, ,,Storia della Chimica" (Turin 1901ff.).
HJ. = HJELT, ,,Geschichte der organischen Chemie" (Braunschweig 1916).
HUSEMANN-HILGER = HUSEMANN-HILGER, ,,Die Pflanzenstoffe" (Berlin 1882).
KLAPROTH = KLAPROTH-WOLFF, ,,Chemisches Wörterbuch" (Berlin 1807).
KOPP = KOPP, ,,Geschichte der Chemie" (Braunschweig 1842ff.).
KOPP, ,,Entwicklung" = KOPP, ,,Entwicklung der Chemie in der neueren Zeit" (Braunschweig 1873).
LIPPMANN = LIPPMANN, ,,Abhandlungen und Vorträge zur Geschichte der Naturwissenschaften" (Leipzig 1906ff.).
MACQUER = MACQUER-LEONHARDI, ,,Chymisches Wörterbuch" (Leipzig 1788ff.).
MARGGRAF = MARGGRAF, ,,Chymische Schriften" (Berlin 1761ff.).
SCHEELE = SCHEELE, ,,Physische und Chemische Werke", ed. HERMBSTÄDT (Berlin 1792).
THÉNARD = THÉNARD, ,,Lehrbuch der Chemie", üb. FECHNER (Leipzig 1826ff.).
THOMSON = THOMSON, ,,System der Chemie", üb. WOLFF (Berlin 1805).
TSCHIRCH = TSCHIRCH, ,,Handbuch der Pharmakognosie" (Leipzig 1910ff.).
WIEGLEB = WIEGLEB, ,,Geschichte des Wachstums und der Erfindungen in der Chemie" (Berlin 1790).

A. = LIEBIGs Annalen der Chemie.
A. ch. = Annales de Chimie et de Physique.
A. ph. = Annalen der Pharmazie.
B. = Berichte der Deutschen Chemischen Gesellschaft.
BERZELIUS' Jahr. = BERZELIUS' ,,Jahresbericht".
Bl. = Bulletin de la Société chimique.
BRANDES = BRANDES' Annalen der Pharmazie.
BUCHNER = BUCHNERs Repertorium der Pharmazie.
C. = Chemisches Centralblatt.
C. r. = Comptes rendus de l'Académie.
CRELL = CRELLs Chem. Journal; Neueste Entdeckungen der Chemie; Chem. Annalen.
Fr. = FRESENIUS' Zeitschrift für analytische Chemie.
Gazz. = Gazzetta chimica italiana.
GEHLEN = GEHLENs Neues Journal der Chemie.
GEIGER = GEIGERs Magazin der Pharmazie.
GILBERT = GILBERTs Annalen.
H. = HOPPE-SEYLERs Zeitschrift für physiologische Chemie.
Jahr. = Jahresbericht von LIEBIG-KOPP.
J. ph. = Journal de Pharmacie.
J. phys. = Journal de Physique.
J. pr. = Journal für praktische Chemie.
M. = Monatshefte für Chemie.
Phil. Mag. = Philosophical Magazine.
Phil. Trans. = Philosophical Transactions.
POGG. = POGGENDORFFs Annalen.
SCHERER = SCHERERs Journal.
SCHWEIGGER = SCHWEIGGERs Journal.
Soc. = Journal of the Chemical Society.
TROMMSDORFF = TROMMSDORFFs Neues Journal der Pharmazie.
Z. Ch. = Zeitschrift für Chemie.

1500 Absinthöl, destilliertes, erwähnt in BRUNSCHWIGS „Destillirbuch" (TSCHIRCH 2, 1004)[1]).
1500 Chloräthyl = „Salzäther", aus Alkohol und Antimonchlorid („Antimonbutter"), bei PARACELSUS (1483—1541)? (KLAPROTH 4, 434).
1540 Äther = „Oleum vitrioli dulce", aus Alkohol und Schwefelsäure, VALERIUS CORDUS; wörtlicher Abdruck der Vorschrift bei TSCHIRCH (1, 779) (HJ. 12)[2]).
1540 Ätherische Öle, u. a. Anis-, Fenchel-, Lavendel-, Nelken-, Pfeffer-, Spik-, Wacholder-, Zimt-Öl (im ganzen über 20), bei VALERIUS CORDUS, „De artificiosis extractionibus" (TSCHIRCH 1, 779, 876; 2, 789, 832, 1194).
1540 Anethol, krystallisiertes, aus Anis- und Fenchel-Öl, VALERIUS CORDUS (TSCHIRCH 2, 947).
1546 Bernsteinsäure, beob., AGRICOLA, „De natura fossilium" (KLAPROTH 1, 307; KOPP 4, 361).
1549 Rosenöl, KHUNRATH, „Medulla distillatoria" (TSCHIRCH 1, 877).
1554 „Absoluter Alkohol", „aqua ardens [non] absoluta", CARDANUS, „De subtilitate" (Köln 1554, 626).
1556 Benzoesäure, sublimierte, beob., MICHEL DE NOSTREDAME = NOSTRADAMUS (TSCHIRCH 1, 879).
1557 Benzoesäure, sublimierte, beob., RUSCELLI = PEDEMONTANUS (SCHAER, „Kahlbaum-Gedenkbuch", Leipzig 1909, 289).
1559 Orangenöl, Citronenöl, destilliertes, BESSON (TSCHIRCH 1, 877).

---

[1]) Die Zeit um 1500 ist „die Zeit der Destillierbücher" (TSCHIRCH 1, 877).

[2]) Das Ätherrezept steht nicht in dem berühmten ersten Apotheker-Dispensatorium (Nürnberg 1546), sondern in der kleinen Schrift „De artificiosis extractionibus", die CORDUS schon 1540 verfaßte, die aber GESNER erst nach seinem Tode herausgab (Straßburg 1561); es stammt wahrscheinlich aus der Leipziger Apotheke des JOHANN RALLA, der ein Oheim des CORDUS war, und bei dem er die Pharmazie erlernte (PETERS, „Aus pharmazeutischer Vorzeit", Berlin 1910; 1, 169, 171, 198). Das genaue Alter des Rezeptes ist unbekannt, die Behauptung, schon der sog RAIMUND LULL (um 1300) habe Äther dargestellt, unerwiesen. — Das griechische $αἰθήρ$ (aithér) kommt vom persischen attar = Feuer (insbesondere auch Himmelsfeuer, höchstes und reinstes Element); zur Kenntnis der Griechen gelangte dieser Ausdruck vermutlich beim Vordringen der Perser nach Kleinasien, und die dortigen jonischen Philosophen gebrauchten ihn zuerst. Von ihnen ging „Äther", auch im Sinne von feinster, reinster Luft, zu den Römern über, und weiterhin in die mittelalterliche Literatur. Die Chemiker bezeichneten mit „Äther", „ätherisch" schon frühzeitig jene flüchtigsten Bestandteile verschiedener Substanzen, die sie ebenfalls für die feinsten und reinsten hielten, s. den Namen „ätherische Öle" (im Orient heißt z. B. Rosenöl noch jetzt Attar).

1571 Macis-, Muskatnuß-, Nelken-, Zimt-, Pfeffer-Öl, WINTHER VON ANDERNACH (FLÜCKIGER 598).
1580 Benzoesäure, sublimierte, beob., BLAISE DE VIGENÈRE, ,,Du feu et du sel" (im Druck erschienen erst 1608) (KLAPROTH 1, 271; SCHAER, a. a. O. 289).
1582 Rosenöl, ROSSI = RUBEUS, ,,De destillatione" (Ravenna 1582), vgl. TSCHIRCH (1, 877).
1588 Camillenöl, blaues, destilliertes, CAMERARIUS, ,,Hortus medicus" (TSCHIRCH 2, 987).
1589 Rosenöl, PORTA, ,,De destillatione" (Rom 1608).
1595 Bernsteinsäure, beob., LIBAVIUS (KOPP 4, 361).

1600 Traubenzucker, körniger, aus Honig, bei OLIVIER DE SERRES, ,,Théâtre d'agriculture" (Paris 1804; 2, 103).
1608 Tieröl, durch wiederholte Destillation gereinigt, TURQUET DE MAYERNE, ,,Pharmacopola" (TSCHIRCH 1, 879).
1608 Benzoesäure, aus Benzoeharz, durch verbesserte Sublimation, TURQUET DE MAYERNE, a. a. O.
1608 Bernsteinsäure, beob., CROLL, ,,Basilica chymica" (KLAPROTH 1, 307; KOPP 4, 361).
1610 Kalium-Acetat, trockenes = terra foliata, PH. MÜLLER (KOPP 4, 341).
1613 Ammonium-Acetat, MINDERER (KOPP 4, 341)[1]).
1615 Milchzucker, krystallisierter, BARTOLETTI, ,,Encyclopaedia dogmatica" (Bologna 1619).
1630 Brechweinstein, MYNSICHT, ,,Thesaurus medico-chymicus", Hamburg (KLAPROTH 1, 507)[2]).
1647 Kalium-Oxalat, beob., für Weinstein gehalten, ANGELUS SALA (TSCHIRCH 1, 884).
1647 Weinstein, krystallisierter, in konzentriertem Tamarinden-Auszug beob., ANGELUS SALA (TSCHIRCH 2, 536).
1648 Chloräthyl = ,,Salzäther" beob., aus Alkohol und Salzsäure, GLAUBER (KOPP 4, 309).
1660 Senföl beob., LEFEBVRE (FLÜCKIGER-HANBURY 65).
1660 Traubenzucker, krystallisierter, aus Honig, Rosinen, eingedicktem Most, GLAUBER (HJ. 5).
1661 Ätherische Öle, Entzündung durch konzentrierte Salpetersäure, GLAUBER (KOPP 4, 394).
1661 Bernsteinsäure, sublimierte, BOYLE (KLAPROTH 1, 307; KOPP 4, 361).
1661 Methylalkohol und Aceton bei der Holz-Destillation beob., BOYLE (HJ. 5)[3]).
1668 Kalium-Oxalat (saures) aus Sauerklee, krystallisiert beob., DUCLOS[4]).
1669 Äthylen beob., aus Alkohol und Schwefelsäure, BECHER (KOPP 3, 298).

---

[1]) Daß erst BOERHAAVE (1721) der Entdecker sei (WIEGLEB 1, 197), ist also unrichtig.
[2]) Soll in Italien schon vorher als Geheimmittel bekannt gewesen sein.
[3]) Etwa zu gleicher Zeit auch von BECHER beobachtet?
[4]) Quellenangabe verlorengegangen. — Oxalsäure von ὀξύς (oxýs) = scharf, sauer.

1670 Ameisensäure, WRAY nach Beobachtung von SAM. FISCHER (KLAPROTH 1, 80).
1671 Benzoesäure, auf nassem Wege aus Benzoeharz, HAGEDORN (HUSEMANN-HILGER 17).
1672 Seignettesalz = weinsaures Kalium-Natrium, SEIGNETTE (KOPP 4, 350).
1675 „Ätherisches Öl" (huile aetherée), aus Pflanzen, LEMÉRY, „Cours de Chymie" (KOPP 4, 393).
1675 Bernstein- und Benzoesäure als Säuren erkannt, LEMÉRY, a. a. O.; vgl. SCHAER (a. a. O. 290).
1675 Kalium- und Kalium-Ammonium-Tartrat, neutrales, LEMÉRY, a. a. O.; nicht als neu, war vielleicht schon um 1600 bekannt (KOPP 4, 350).
1681 Salpeter-Äther isoliert, aus Alkohol und Salpetersäure, KUNCKEL (KOPP 4, 302; KLAPROTH 4, 341).
1685 Stearoptene, aus ätherischen Ölen beob., KUNCKEL (KOPP 4, 394)[1].
1685 Weinstein, krystallisiert, und Bedingungen der Krystallisation, BOHN (WIEGLEB 1, 80).
1688 Phosphorhaltige organische Stoffe im Senf- und Kressensamen beob., ALBINUS (WIEGLEB 1, 85).
1693 Bergamottöl, destilliertes, BARBE (FLÜCKIGER-HANBURY 120)[2].

1700 „Ätherisches Tieröl", DIPPEL (1673—1734) (KOPP 4, 370).
1700 Knallquecksilber beob., KUNCKEL, „Laboratorium chymicum" (Hamburg 1716, 213. Schon vor 1700 verfaßt).
1704 Berliner Blau, aus Eisenvitriol und Alkali, über das DIPPELS Öl destilliert worden war, DIESBACH (KLAPROTH 1, 291; KOPP 4, 369); nähere Geschichte der DIESBACHschen Entdeckung bei STAHL, „Experimenta et Observationes" (Berlin 1731; 281).
1716 Stärkekörner und Stärke mikroskopisch beob., LEEUWENHOEK („Epistolae physiologicae" 232).
1718 Alkohol gibt bei Verbrennung Wasser, GEOFFROY (Mém. de l'Acad.)[3].
1719 Thymol aus Thymianöl beob., für Campher gehalten, NEUMANN (WIEGLEB 1, 160).
1723 Essigsäure, aus dem Natrium-, Kupfer- oder Bleisalz mittels Schwefelsäure abgeschieden, oder durch wiederholtes Ausfrieren konzentriert, ist brennbar; STAHL (KOPP 4, 334).
1724 Berliner Blau näher beschrieben, WOODWARD, „Phil. Trans.", Bd. 32 (KLAPROTH 1, 291; KOPP 4, 302, 370).
1725 Campher als besondere Körperart erkannt, NEUMANN (THÉNARD 4 (3), 1093).
1725 Thymol als besonderen Körper erkannt, BROWN (WIEGLEB 1, 177).
1726 Ätherische Öle, Entzündung durch konzentrierte Salpetersäure, GEOFFROY (Mém. de l'Acad. 95).

---

[1] Stearopten von στερεός (stereós) = fest, und πτηνός (ptenós) = flüchtig.
[2] Bergamott: vom türkischen beg-ârmûdî = Fürsten-Birne.
[3] Einige derartige Beobachtungen scheinen schon gegen Ende des 16. Jahrhunderts gemacht worden zu sein, unter anderm durch VAN HELMONT.

1730 Äther = „spiritus aethereus", Rezept: FROBENIUS, „Phil. Trans." (THOMSON 2, 275).
1730 Senföl aus schwarzem Senf beob., BOERHAAVE (TSCHIRCH 2, 1493); nach FLÜCKIGER-HANBURY 65: erst 1732.
1731 Kleber aus Getreide und Mehl, BECCARI[1]) (WIEGLEB 1, 194); nach GUARESCHI (8, 398) erst 1742.
1731 Seignettesalz, seine Natur aufgeklärt, GEOFFROY und BOULDUC, „Mém. de l'Acad." 124 (KOPP 4, 351).
1732 Alkohol, starker, liefert bei Verbrennung viel Wasser, u. U. sogar ein größeres Gewicht, BOERHAAVE, „Elementa Chemiae" (London 1732; 1, 123) und echte Ausgabe (Basel 1745; 1, 320ff., 340); vgl. KOPP 3, 274; 4, 249.
1732 Aceton sicher vom Alkohol unterschieden, BOREHAAVE (ebd.).
1732 Natrium-Acetat, sehr rein erhalten, DUHAMEL (KOPP 4, 341).
1736 Kautschuk beob. und nach Europa gebracht, CONDAMINE (WIEGLEB 1, 209; 2, 8).
1738 Essigsäure verbindet sich u. U. mit Quecksilber, STAHL[2]).
1739 Chloräthyl, verbesserte Darstellung, POTT, „Coll. Observat. et Animadvers." (Berlin) 117.
1739 Tieröl, Reinigung durch fraktionierte Destillation, MODEL (WIEGLEB 2, 67).
1740 Berliner Blau, genaues Rezept bekanntgegeben, MORTIMER (WIEGLEB 1, 222).
1741 Seifen, weiche, sind Kalium-, harte Natrium-Seifen; Entdeckung des „Aussalzens" mittels Kochsalz, GEOFFROY (PETERS, „Aus pharmazeut. Vorzeit", Berlin 1899; 2, 138).
1742 Salpeter-Äther (Salpeter-Naphtha) KUNCKELs wiederentdeckt, NAVIER und GEOFFROY (Mém. de l'Acad. 515).
1745 Quecksilber bildet mit Essigsäure zweierlei [Oxyd- und Oxydul-] Verbindungen, MARGGRAF (WIEGLEB 2, 80).
1746 Pflanzensäuren bilden sehr allgemein Silbersalze, MARGGRAF (WIEGLEB 1, 238).
1747 Ätherische Öle, Entzündung durch konzentrierte Salpetersäure, ROUELLE (Mém. de l'Acad. 34).
1747 Rohrzucker, Entdeckung in der Rübe; Anwendung des Mikroskopes zur Prüfung der Zuckerkrystalle und in der Analyse, MARGGRAF (2, 70); vgl. „Berl. Akad." 1749, 79.
1749 Ameisensäure, aus Ameisen, durch Destillation sehr rein gewonnen und der Essigsäure ähnlich befunden, MARGGRAF (1,340); vgl. „Berl. Akad." 38; KLAPROTH (1,80); HJ. 9.
1749 Ameisenöl [außer Eieröl das erste ausgepreßte tierische Öl], MARGGRAF (a. a. O.).
1750 Blutlaugensalz als Reagens auf Eisen, MARGGRAF (1, 317).
1752 Essigsäure, konzentrierte, aus Alkaliacetaten durch Destillation mit konz. Schwefelsäure, LUDOLF (Einleitung in die Chymie, Erfurt 1752, 812).

---

[1]) Nicht zu verwechseln mit dem Physiker BECCARIA.
[2]) Quellenangabe verlorengegangen.

1752 Gelbes Blutlaugensalz, nähere Untersuchung, MACQUER (KOPP 4, 372).
1752 Natrium-Acetat aus Natron = „mineralischem Alkali" und Essigsäure, FR. MEYER (WIEGLEB 2, 16).
1753 Bernsteinsäure als besondere Säure, als „Pflanzensäure", erkannt, POTT (WIEGLEB 2, 17; KOPP 4, 362).
1757 Kohlensäure bestimmt als besondere Substanz erkannt, BLACK (KOPP 3, 282).
1757 Zimtsäure bei trockener Destillation des Storax beob., für Benzoesäure gehalten, GEOFFROY (TSCHIRCH 1, 883).
1759 Chloräthyl = „Salzäther", sehr rein erhalten, COURTENVAUX (Journ. d. Savants 549; KLAPROTH 4, 435).
1759 Essigäther, durch Destillation von Alkohol und konz. Essigsäure; seine Entzündlichkeit beob.; LAURAGUAIS (Journ. d. Savants 324; KLAPROTH 2, 71).
1759 Moschus (Harz), künstlicher, aus Bernsteinöl und Salpetersäure, MARGGRAF (1, 260); „Berl. Akad." 32.
1760 Kakodyl, bei Destillation von Kalium-Acetat mit arseniger Säure beob., CADET (Mém. d. Mathém. 3, 633)[1]).
1760 Kleber aus Getreide, KESSELMAYER (MACQUER 4, 139).
1760 Quecksilber-Verbindungen pflanzlicher und tierischer Säuren beob., NAVIER (MACQUER 5, 112).
1761 Cedernöl ist weit unterhalb seines Siedepunktes mit Wasserdämpfen flüchtig, MARGGRAF (1, 243).
1761 Silber- und Quecksilber-Salze, krystallisierte, der Essig-, Citronen-, Wein-, Oxal-Säure, MARGGRAF (1, 112).
1764 Weinstein und Sauerkleesalz enthalten von vornherein Alkali, das also, entgegen der sehr allgemeinen Meinung, nicht erst beim Verbrennen entsteht, MARGGRAF (2, 49); s. KOPP (4, 349, 354).
1766 Weinsäure gibt ein Quecksilbersalz, MONNET (WIEGLEB 2, 80).
1767 Äpfelsaures Natrium beob., MONRO (Phil. Trans. 479).
1769 Oxalsäure als besondere, im Sauerkleesalz enthaltene Säure erkannt, WIEGLEB (WIEGLEB 2, 218)[2]).
1769 Weinsäure, aus Weinstein abgeschieden und krystallisiert gewonnen, SCHEELE (CRELL 2, 179); GR. 4.
1770 Kautschuk zu Röhren verarbeitet und als Radiergummi brauchbar befunden, PRIESTLEY, „Theory and practise of perspective".
1771 Krapplack mittels Tonerde dargestellt, MARGGRAF (WIEGLEB 2, 107).
1771 Menthol, krystallisiertes, aus Pfefferminzöl, beob., GAUBIUS (FLÜCKIGER 726).
1772? Sumpfgas (Methan), bei Fäulnisvorgängen beob., PRIESTLEY, „Phil. Trans." Bd. 72[3]).

---

[1]) Kakodyl von κακώδης (kakódes) = stinkend.
[2]) KOPP gibt als Jahreszahl erst 1779 an (4, 354); HJ. 10.
[3]) Nach KOPP (3, 297) untersuchten PRIESTLEY und VOLTA das Sumpfgas (gleichzeitig) erst 1776; eine Übersetzung von VOLTAS „Lettere sull' aria inflammabile nativa delle paludi" durch KÖSTLIN erschien 1778 zu Straßburg.

1773 Brechweinstein als Doppelsalz erkannt und seine Bestandteile ermittelt, BERGMAN (KOPP 4, 351).
1773 Harnstoff beob., ROUELLE (HJ. 14).
1773 Kaliumoxalat (saures), Kleesalz, näher geprüft, SAVARY, ,,Dissert. de sale acetosellae" (Straßburg).
1774 Kohlensäure (fixe Luft) als schwache, aber wahre Säure erkannt, BERGMAN (1, 11, 52; 8, 75).
1775 Benzoesäure, reine, aus Benzoeharz dargest., SCHEELE (SCHEELE 2, 93; GR. 5).
1775 Blausäure, ,,acidum coerulei berolinensis" (= Berliner-Blau-Säure) beob., BERGMAN (3, 382).
1775 Kohlensäure (fixe Luft) ist eine Verbindung von Kohlenstoff und ,,reiner Luft" (= Sauerstoff), LAVOISIER (Mém. de l'Acad. 2, 125).
1775 Stearoptene der ätherischen Öle sind verschieden von Campher, WIEGLEB (2, 166).
1776 Eudiometrische Analyse des Sumpfgases (Methans), VOLTA (KLAPROTH 5, 562, 567; KOPP 3, 297)[1]).
1776 Harnsäure aus Blasensteinen und Harn; bei der trockenen Destillation Cyanursäure beob., SCHEELE (2, 143); GR. 5. Zugleich [selbständig] entdeckt von BERGMAN (4, 387); HJ. 14.
1776 Hippursäure beob., für Benzoesäure gehalten, ROUELLE (Journ. d. médecine 1777; GR. 13)[2]).
1776 Kohlenoxyd beob., für Wasserstoff gehalten, PRIESTLEY (KOPP 3, 293).
1776 Oxalsäure durch Oxydation von Zucker mit Salpetersäure erhalten, daher ,,Zuckersäure" benannt, BERGMAN (1, 251); zugleich auch von SCHEELE [unabhängig] gefunden (HJ. 10; vgl. WIEGLEB 2, 182; KOPP 4, 311, 354).
1777 Ameisensäure-Äther beob., AFZELIUS gen. ARVIDSON, ,,Dissert. de acido formicarum", Upsala (BERZELIUS 3, 1044; DUMAS 5, 551).
1777 Chemie der ,,unorganischen und organischen Körper" (BERGMAN 8, 71, 85); BERGMAN spricht von ,,Analyse und Synthese", welche letztere er für organische Stoffe als aussichtslos ansieht (8, 92).
1777 Kohle als Absorptionsmittel für Gase, FONTANA (GUARESCHI 8, 428).
1777 Öle liefern bei der Verbrennung Wasser und Kohlensäure, PRIESTLEY.
1778 Alkoholische Gärung der Milch, SPIELMANN und OSERETSKOWSKY, ,,Diss. de spiritu ardente ex lacte bubulo", Straßburg (MACQUER 4, 286).
1779 Graphit als Kohlenstoff erkannt, SCHEELE (KOPP 3, 290).
1779 Oxal- und weinsaures Alkali geben mit Silber- und Quecksilber-Salzen heftig detonierende Niederschläge, WIEGLEB und [unabhängig] BAYEN (MACQUER 5, 39, 542ff.).
1780 Eiweißähnliche Stoffe kommen auch in Pflanzen vor, SCHEELE (CRELL, ,,Neueste Entdeck." [1783] 8, 150; KLAPROTH 2, 157).

---

[1]) Eudiometer von μέτρον (métron) = Maß und εὔδιος (éudios) = heiter, weil die Güte der Luft (die mit dem Instrument zuerst bestimmt werden sollte) und die Heiterkeit des Himmels zusammenzuhängen schienen.

[2]) Hippursäure von ἵππος (híppos) = Pferd und οὖρον (úron) = Harn.

1780? Fluoräthyl beob., SCHEELE (THÉNARD 4, 1558).
1780 Milchsäure aus saurer Milch dargestellt, SCHEELE (2, 249, 261); GR. 5.
1780 Schleimsäure (neben Oxalsäure) bei der Oxydation von Milchzucker und von „Gummischleim" (Traganth?) mit Salpetersäure erhalten, SCHEELE (a. a. O.; GR. 5; CRELL, „Neueste Entdeck." [1783] 8, 184). Anfangs Milchzuckersäure benannt, später Schleimsäure (KLAPROTH 3, 593).
1781 Benzoesäure-Äthylester beob., SCHEELE (CRELL [3], 98).
1781 Kohlenoxyd beob., LASSONE (CRELL, „N. Entd." [2], 144).
1782 Ameisensäure-Äther rein dargestellt, BUCHOLZ (KOPP 4, 311).
1782 Blausäure aus Blutlaugensalz und Schwefelsäure (nicht rein); Cyanquecksilber beob.; SCHEELE (2, 321), CRELL, „N. Entd." [1783], 11, 91; KLAPROTH 1, 297, 387; HJ. 18.
1782 Chloräthyl aus Alkohol und Antimonbutter (Antimonchlorid)[1]), in Gegenwart von kohlensaurem Calcium (WENZEL, „Lehre von der Verwandtschaft der Körper"; Dresden 1782, 148.
1782 Essig durch „Pasteurisieren" dauernd haltbar gemacht, SCHEELE (2, 317).
1782 Essigäther aus Alkohol und Essigsäure mittels kleiner Mengen Salzsäure dargestellt; Nachweis, daß diese in solchen Fällen genügen; Verseifung der Äther durch Alkalien, SCHEELE (2, 303); GR. 6.
1782 Oxalsäure durch Oxydation von Weinsäure mit Salpetersäure, HERMBSTÄDT (CRELL, „N. Entd." 7, 76; 9, 6).
1782 Zahlenwerte für das Sättigungsvermögen der Essig-, Citronen-, Wein-, Oxal-, Bernsteinsäure bei der Neutralisation mit verschiedenen Basen (WENZEL, a. a. O. 184, 243, 291, 312, 326).
1782 Zahlenwerte für die Löslichkeit von Salzen in Alkohol (WENZEL, a. a. O., 428).
1783 Blausäure enthält Kohlenstoff, Wasserstoff und Stickstoff, BERTHOLLET (KLAPROTH 1, 388).
1783 Glycerin = „Ölsüß", aus Fetten und Ölen, durch Verseifung; Salpetersäure oxydiert es zu Oxalsäure, die identisch mit der BERGMANschen aus Zucker ist. SCHEELE (2, 355); GR. 7[2]).
1783 Weinstein, geschmolzen mit Kohle oder Graphit und Salmiak [d. i. Cyankalium], gibt mit Eisenvitriol und Säure Berliner Blau. SCHEELE (CRELL, „N. Entd." 11, 91; GR. 7, 54).
1784 Citronensäure aus Citronensaft krystallisiert dargestellt, SCHEELE (2, 319); CRELL [2], 1; GR. 7.
1785 Absorption gelöster Stoffe durch Holzkohle, LOWITZ (CRELL 1786, [1], 211, 233, 293).
1785 Äpfelsäure aus Äpfelsaft dargestellt, SCHEELE (2, 373); CRELL [2], 291; GR. 8.
1785 Camphersäure durch Oxydation von Campher mit Salpetersäure, KOSEGARTEN, „De Camphora" (Göttingen); KLAPROTH 3, 76, 85; GR. 14.

---

[1]) Die Benutzung dieses Chlorüberträgers ist sehr bemerkenswert; LUDOLF scheint sie aber schon gegen 1750 zuerst vorgeschlagen zu haben (Einleitung in die Chymie, Erfurt 1752, 1076); vgl. oben bei PARACELSUS (1500).

[2]) Glycerin (diesen Namen gab erst seit 1813 CHEVREUL, s. unten) von γλυκερός (glýkeros) = süß.

1785 Chinasaures Calcium beob., aus Chinarinde, HERMBSTÄDT (CRELL [1], 115).
1785 Diastase beob., IRVINE[1]).
1785 Fuselöl aus Branntwein abgeschieden, SCHEELE (CRELL [1], 61).
1785 Kohlensäure, Zusammensetzung richtig bestimmt, LAVOISIER (Mém. de l'Acad. 2, 403).
1785 Oxalsäure aus Sauerklee und Rhabarberwurzel abgeschieden und mit BERGMANS „Zuckersäure" als identisch erkannt; Darstellung des neutralen Kaliumsalzes und des Äthyläthers. SCHEELE (2, 361); GR. 8; vgl. KLAPROTH 3, 142; KOPP 4, 354.
1785 Sumpfgas (Methan) enthält Kohlenstoff und Wasserstoff, BERTHOLLET (HJ. 54).
1786 Alkohol liefert unter Aufnahme von Sauerstoff Essigsäure, LAVOISIER (KOPP 4, 337).
1786 Blausäure enthält keinen Sauerstoff, BERTHOLLET (A. ch. 1, 30).
1786 Gallussäure aus Galläpfeln abgeschieden; Pyrogallussäure beob., nicht erkannt, SCHEELE (2, 401); GR. 8.
1786 Korksäure aus Kork, durch Oxydation mit Salpetersäure, BRUGNATELLI (CRELL [1], 145; GR. 14).
1786 Tierische Substanzen enthalten Stickstoff, BERTHOLLET („Journ. de Physique" 28, 272).
1787 Alloxan beob., bei Oxydation der Harnsäure mit Salpetersäure, BRUGNATELLI (CRELL [2], 99)[2]).
1787 Ammonium-Acetat, krystallisiert erhalten, aus Calciumacetat und Salmiak, HAHNEMANN[3]).
1787 Blutlaugensalz enthält Eisen als notwendigen Bestandteil, BERTHOLLET (KOPP 4, 375).
1787 Chlorcyan beob., BERTHOLLET (KOPP 4, 375).
1787 Neuere Namengebung, auch für organische Stoffe: MORVEAU, LAVOISIER, BERTHOLLET, FOURCROY, „Méthode de nomenclature chimique" (Paris 1787); z. B. Wiederaufnahme von „Alkohol"[4]), Bezeichnung der Äther, der organischen Säuren (73) usf.
1788 Blausäure, rein gewonnen, BERTHOLLET (CRELL [1], 221).
1788 Cholesterin in Gallensteinen beob., GREN[5]).
1788 Pikrinsäure aus Indigo, bei der Oxydation mit Salpetersäure, HAUSMANN (J. phys.); KLAPROTH 1, 341; GR. 14[6]).
1788 Elementaranalysen mittels Kaliumchlorat oder Quecksilberoxyd, LAVOISIER („Oeuvres", Paris 1865; 3, 773); GR. 18.

---

[1]) Quellennachweis verlorengegangen. Diastase (späterer Name!) von διά (diá) = auseinander und στάσις (stásis) = Spaltung.

[2]) Alloxan (späterer Name!) von Allantoïn (s. unten) und Oxalsäure.

[3]) Quellennachweis verlorengegangen.

[4]) Al Kohol bedeutet im Arabischen ein feinstes Pulver (beliebiger Art); auf reinsten Weingeist, als das Feinste des Weines, übertrug den Namen ganz willkürlich erst PARACELSUS.

[5]) Quellennachweis verlorengegangen. Cholesterin von χωλή (cholé) = Galle und στερεός (stereós) = fest.

[6]) Pikrinsäure von πικρός (pikrós) = bitter; den Namen gab erst 1827 BERZELIUS.

1789 Chlorcyan dargestellt, BERTHOLLET (A. ch. 1, 35).
1789 Eiweißstoffe im Pflanzenreich nachgewiesen, FOURCROY (A. ch. 3, 252).
1789 Essigsäure, konz., krystallisiert in der Kälte eisartig, „Eisessig"[1]), und ist brennbar, LOWITZ (CRELL 1790, [1], 206, 300; 1793 [1], 219).
1789 Indigo durch Sublimation rein erhalten, O'BRIEN („On Calico Printing").
1789 Säuren bestehen aus Sauerstoff und einem Radikal, z. B. „radical oxalique", LAVOISIER (GR. 11).
1790 „Chinasäure" rein und krystallisiert erhalten, F. CHR. HOFMANN (CRELL [2], 314; GR. 14).
1790 Essigsäure, konz., aus Kupferacetat abgeschieden, ist brennbar und krystallisiert, COURTENVAUX (KLAPROTH 2, 82)[2]).
1791 Chloräthyl mittels Zinkchlorid dargestellt, DE BORMES (KELS-GMELIN, „Handb. d. Chemie", Ulm 1791; 55).
1791 Glykose, krystallisierte, gärungsfähige, aus diabetischem Harn, FRANK (EBSTEIN, „Zeitschr. f. Urologie" 1905, 201)[3]).
1791 Phosphorhaltige organische Stoffe im Käse beob., LEIDENFROST (KELS-GMELIN, a. a. O. 363).
1792 Glykose und Fructose[4]) = „fester und flüssiger Zucker" im Honig; vom Rohrzucker verschieden, LOWITZ (CRELL [1], 218; GR. 15).
1793 Gerbsäure der Galläpfel beob., DEYEUX (KOPP 4, 368).
1793 Mono -und Tri-Chloressigsäure beim Chlorieren von Essigsäure beob., nicht erkannt, LOWITZ (CRELL [1], 223).
1793 Umkrystallisieren, methodisches, als bestes Reinigungsmittel empfohlen, LOWITZ (CRELL [1], 314).
1795 Äthylen = „ölbildendes Gas" und Äthylenchlorid = „Öl der holländischen Chemiker", DEIMANN, TROOSTWYK, BONDT, LAUWERENBURGH (CRELL [2], 195, 310, 430).
1795 Gerbsäure der Galläpfel abgeschieden, unrein, SEGUIN (HUSEMANN-HILGER 443).
1796 Alkohol, wasserfreier, mittels Pottasche, LOWITZ (CRELL [1], 145; GR. 15); mittels Chlorcalcium, RICHTER (CRELL [2], 211; KLAPROTH 1, 57). RICHTER führt den Namen „absoluter Alkohol" wieder ein[5]).
1796 Schwefelkohlenstoff bei Destillation von Eisenkies $FeS_2$ mit Kohle, LAMPADIUS (GILBERT 17, 113).
1796 Thymol beob. im Öl von Monarda didyma, BRUNN (TSCHIRCH 2, 1168).
1797 Äther entsteht aus Alkohol durch Entziehung von Wasser (FOURCROY und VAUQUELIN, A. ch. 23, 203).
1797 Diamant gibt bei der Verbrennung Kohlensäure, enthält also Kohlenstoff, TENNANT (Phil. Trans. 87, 123; KLAPROTH 1, 656).

---

[1]) Vom Schwefelsäure-Anhydrid heißt es schon in LUDOLFS „Einleitung in die Chymie" (Erfurt 1752), es destilliere als ein „oleum vitrioli glaciale", ein „Eis-Vitriol-Öl", das als ein „Eisöl" ganz „wie ein Eis in der Kälte gestehet" (401, 402, 444, 1080).
[2]) Selbständige Beobachtung.
[3]) Glykose von γλυκύς (glykýs) = süß.
[4]) Fructose von fructus = Frucht.
[5]) Ursprünglich hatte „absolut" nur den Sinn „vortrefflich", „hervorragend".

1797 Harnstoff beob., FOURCROY und VAUQUELIN (A. ch. 30, 86; GR. 13).
1797 Hippursäure beob., für Benzoesäure gehalten, FOURCROY und VAUQUELIN (SCHERER 2, 432; GR. 13).
1797 Korksäure, ziemlich rein abgeschieden, BOUILLON-LAGRANGE (A. ch. 23,42).
1797 ,,Tannin" = Gerbsäure, ziemlich rein erhalten, SEGUIN (A. ch. 20, 15; KLAPROTH 2, 421)[1]).
1799 Äthylschwefelsäure beob., DABIT (A. ch. [1800], 34, 289); HJ. 53.
1799 Kohlenoxyd beob., PRIESTLEY (CRELL [1800; 2], 356; KOPP 1, 241).
1799 Mellithsäure aus dem Mineral Honigstein erhalten, KLAPROTH (CRELL [1800; 1], 1; GR. 14)[2]).
1799 Pikrinsäure bei Oxydation der Seide mit Salpetersäure, WELTER (A. ch. 29, 301).

1800 Allantoin beob., VAUQUELIN und BUNIVA (A. ch. 33, 269; GR. 13)[3]).
1800 Äther (,,Schwefeläther") enthält keinen Schwefel, VAL. ROSE (SCHERER 4, 253).
1800? Harnsäure, Vorhandensein im Guano erkannt ,A. V. HUMBOLDT (KLAPROTH 1, 576).
1800 Harnstoff rein erhalten, FOURCROY und VAUQUELIN (A. ch. 32, 80).
1800 Knallquecksilber neu entdeckt und fast rein dargestellt, HOWARD (Phil. Trans. 204; NICHOLSONS Journ. 4, 173).
1800? Stickstoffnachweis durch Überführung in Ammoniak, BERTHOLLET[4]).
1801 Kohlenoxyd = Kohlensäure — Sauerstoff, CRUIKSHANK (NICHOLSONS Journ. 5, [1], 201; KLAPROTH 3, 291).
1801 Kohlenoxyd erhalten durch Einwirkung von Kohle auf Kohlensäure, WOODHOUSE (GILBERT 9, 90).
1802 Äthylschwefelsäure im Rückstande der Äther-Bereitung beob., DABIT (A. ch. 43, 101).
1802 Blausäure beob. beim Leiten vom Ammoniak über glühende Kohle, CLOUET (A. ch. 40, 30; KLAPROTH 1, 389).
1802 Blausäure enthält bestimmt nur Kohlenstoff, Wasserstoff und Stickstoff, CLOUET (a. a. O.).
1802 Blausäure im Pflanzenreiche beob., u. a. im Bittermandel-Wasser, SCHRADER, BOHM, (SCHERER 7, 180; 10, 126; KOPP 4, 377).
1802 Essigsäure aus Holz und Essigsäure aus Alkohol sind identisch, THÉNARD[5]).
1802 Sebacinsäure bei trockener Destillation von Fetten erhalten, THÉNARD (GR. 14)[6]).
1803 Elementaranalyse flüchtiger Stoffe durch Verpuffung der Dämpfe mit Sauerstoff, DALTON[7]).

[1]) Tannin vom französischen tanner = gerben.
[2]) Mellithsäure von μέλι (méli) = Honig.
[3]) Allantoin von Allantoïs, diese von ἀλλᾶς (allás) = Wurst und εἶδος (éidos) = Gestalt, nach der Form der fötalen Harnblase.
[4]) Quellennachweis verlorengegangen.
[5]) Wie Anm. 4.
[6]) Sebacinsäure von sebum = Fett, Talg.
[7]) Wie Anm. 4.

1803 Blausäure aus Rosaceen-Früchten; als starkes Gift erkannt, BOHM und SCHRADER (SCHERER 10, 126; VAUQUELIN, A. ch. 45, 126; KLAPROTH 1, 325).
1803 „Künstlicher Campher" (= Pinen-Chlorhydrat, Bornylchlorid) aus Terpentinöl und Salzsäure, KIND (KOPP 4, 395).
1803 Opium, feste Bestandteile beob., nicht als Alkaloide erkannt, DEROSNE (A. ch. 45, 257; KLAPROTH 3, 749, 761[1]).
1804 Carthamin aus Safflor beob., DUFOUR (A. ch. 48, 283).
1804 Inulin aus Alantwurzel, ROSE (GEHLEN 3, 217)[2].
1804 Rhodanwasserstoffsäure aus Cyankalium und Schwefel, RINK (GEHLEN 2, 460).
1805 Asparagin, aus Spargelsprossen, VAUQUELIN und ROBIQUET (A. ch. 55, 152; 56, 88 [1806]; GR. 13).
1805 Morphin aus Opium abgeschieden, [erstes Alkaloid] SERTÜRNER (GR. 36; vgl. GILBERT 55, 56 [1817])[3].
1805 Pflanzen-Caseïn (= Legumin) beob., EINHOF (GEHLEN 6, 126, 548; HUSEMANN-HILGER 1117).
1806 Äthylschwefelsäure und Analoga beob., SERTÜRNER (KOPP 4, 325).
1806 Chinasäure rein dargestellt, VAUQUELIN (A. ch. 59, 113).
1806 Choleïnsäure aus Galle beob., THÉNARD (GEHLEN 4, 511).
1806 Fleisch-Milchsäure aus Muskelfleisch, BERZELIUS (GR. 245).
1806 Glykose aus diabetischem Harn krystallisiert erhalten, THÉNARD[4].
1806 Mannit aus Manna, PROUST (GEHLEN 2, 83; GR. 15).
1806 Salpeter-, Salz- und Essig-Äther endgültig als verschieden erwiesen, THÉNARD (Mém. Soc. d'Arcueil).
1807 Aceton beob., DEROSNE (A. ch. 63, 267).
1807 Amygdalin in bitteren Mandeln beob., ROBIQUET (A. ch. 64, 352)[5].
1807 Analyse flüchtiger Stoffe nach DALTON; THÉNARD, SAUSSURE (KOPP 4, 257, 258).
1807 Äther der Äpfel-, Wein- und Citronensäure dargestellt, THÉNARD (KOPP 4, 311).
1807 Schwefelkohlenstoff richtig analysiert, VAUQUELIN (A. ch. 61, 145).
1808 Brasilin aus Rotholz, Hämatoxylin[6] aus Blauholz, Quercitrin[7] aus Gelbholz beob., CHEVREUL (A. ch. 66, 225; Journ. chim. médic. 6, 158; DUMAS 8, 156).
1808 „Organische Chemie" bei BERZELIUS (HJ. 22).
1808 Styphninsäure (= Trinitroresorcin) beob., CHEVREUL (A. ch. 66, 246; GR. 307)[8].
1809 Blausäure, wasserfreie, als Gas erhalten, ihre Giftigkeit beob., ITTNER (Broschüre; Freiburg); HJ. 56.

---

[1]) Opium von ὀπός (opós) = Saft.
[2]) Den Namen Inulin gab erst 1811 THOMSON.
[3]) Morphium von MORPHEUS, dem Gotte des Schlafes.
[4]) Quellennachweis verlorengegangen.
[5]) Amygdalin von ἀμυγδαλή (amygdalé) = Mandel.
[6]) Hämatoxylin von αἷμα (háima) = Blut und ξύλον (xýlon) = Holz.
[7]) Quercitrin von quercus = Eiche und citrinus = gelb.
[8]) Styphninsäure von στυφνός (styphnós) = bitterlich, zusammenziehend.

1809 Glycyrrhizin aus Süßholz, ROBIQUET (A. ch. 72, 143)[1]).
1809 Nicotin[2]) und Atropin[3]) beob., ihre Natur nicht erkannt, VAUQUELIN (A. ch. 71, 139; 72, 53).
1809 Rhodanwasserstoffsäure untersucht, PORRET (Phil. Mag. 36, 196)[4]).
1810 Cystin aus Blasensteinen, WOLLASTON (A. ch. 76, 22)[5]).
1810? Essigsäure aus Alkohol durch Oxydation mit Platinmohr, DAVY (BERZELIUS, „Lehrbuch" 3, 977, 1071).
1810 Knochenkohle, Entfärbungsvermögen, FIGUIER, MAGNES[6]).
1810 Organische Elementaranalyse, wesentlich durch gasanalytische Untersuchung der Verbrennungsprodukte, GAY-LUSSAC und THÉNARD (Recherches physico-chimiques [1811], 2, 265; GR. 18).
1810? „Ptyalin" im Speichel, BERZELIUS (SCHWEIGGER 10, 484)[7]).
1811 Blausäure, Reindarstellung und Untersuchung, GAY-LUSSAC (A. ch. 95, 136 [1815]; GR. 24).
1811 Cantharidin beob., ROBIQUET (A. ch. 76, 302).
1811 Cinchonin aus Chinarinde abgeschieden, Natur nicht erkannt, GOMÈZ (FLÜCKIGER 563; DUMAS 5, 712)[8]).
1811ff. Fette, Untersuchung ihrer Bestandteile, ihrer Verseifung usf., CHEVREUL (KOPP 4, 387) [s. unten bei 1813].
1811 Gesetz der multiplen Proportionen gilt auch für organische Stoffe, BERZELIUS (GILBERT 40, 247).
1811 Glykose aus Stärke und Schwefelsäure, KIRCHHOFF (SCHWEIGGER 4, 108, [1812]; GR. 28).
1811 Hämatoxylin reiner abgeschieden, CHEVREUL (A. ch. 81, 122, [1812]; GR. 30).
1811 „Saponin" aus Saponaria rubra, BUCHHOLZ („Taschenbuch für Scheidekünstler" 1811, 33)[9]). [Nach ROSENTHALER, Chem.-Ztg. 1921, 592, fehlt dort der Name noch.]
1812 Aldehyd bei der Oxydation des Alkohols beob., DÖBEREINER (SCHWEIGGER 4, 86, 124; 8, 327).
1812 Caseïn aus Milch, BERZELIUS (SCHWEIGGER 10, 140; 11, 277).
1812 Chlorkohlenoxyd aus Kohlenoxyd und Chlor, DAVY (Phil. Trans. 144; GILBERT 40, 220).
1812 „Fibrin" aus Blut, BERZELIUS (SCHWEIGGER 9, 377).
1812 Methylalkohol bei der trockenen Destillation des Holzes beob., TAYLOR (Phil. Mag. [1822], 315; HJ. 54).

---

[1]) Glycyrrhizin von γλυκύς (glykýs) = süß und ῥίζα (rhíza) = Wurzel.
[2]) Nicotin von NICOT, der zuerst 1560 Tabaksamen aus Lissabon nach Frankreich sandte.
[3]) Atropin von ATROPOS, der Parze, die den Lebensfaden abschneidet.
[4]) Rhodan von ῥόδον (ródon) = Rose.
[5]) Cystin von κύστις (kýstis) = Blase.
[6]) Die Entdeckung geschah anläßlich der Bereitung einer Stiefelwichse (LIPPMANN, „Geschichte des Zuckers", Leipzig 1890, 368).
[7]) Ptyalin von πτύω (ptýo) = ich spucke.
[8]) „Cinchonin" nach dem Grafen CHINCHON, der 1629 Vizekönig von Peru war (TSCHIRCH 1, 895).
[9]) Saponin von sapo = Seife; BOERHAAVE erwähnt die Substanz als „Seifenstoff" (vor 1732).

1812 Phosphorhaltige organische Stoffe in der Gehirnsubstanz beob., VAUQUE-
LIN (A. ch. 81, 37, 60).
1812 Pikrotoxin aus Kokkelskörnern [erster Bitterstoff], BOULLAY (A. ch. 80, 219)[1]).
1813 Cumarin aus Tonkabohnen beob., VOGEL (GILBERT 44, 161)[2]).
1813 Diamant gibt bei der Verbrennung nur Kohlensäure, besteht also aus Kohlenstoff, DAVY (SCHWEIGGER 12, 200).
1813ff. Margarin-, Oleïn-, Stearin-, Valerian-, Capron-, Caprinsäure, „Glycerin" aus Fetten abgeschieden, Cetylalkohol (= „Äthal", aus éther und alcohol gebildet) aus Walrath, Cholesterin aus Gallensteinen, CHEVREUL („Recherches sur les corps gras", Paris 1823; A. ch. 88, 215ff.; GR. 31, 32)[3]). Erkenntnis der Wichtigkeit von Schmelz- und Siedepunkten zwecks Charakterisierung organischer Stoffe (ebd.; GR. 32)[4]).
1813 Terpentinöl näher untersucht, THÉNARD (GILBERT 44, 126).
1814 Elementaranalyse von Rohrzucker, Stärke, Essigsäure, Bernsteinsäure usf., BERZELIUS (A. ch. 95, 59, 82; SCHWEIGGER 11, 302).
1814 Elementaranalyse durch Verbrennung mit Kaliumchlorat und Kochsalz im horizontalen Verbrennungsrohr, unter Wägung des Wassers und der Kohlensäure, BERZELIUS (THOMSONS „Ann. of philos." 4, 330, 401; GR. 21).
1814 Jodäthyl aus Alkohol und Jodwasserstoff oder Jodphosphor, GAY-LUSSAC (A. ch. 91, 89; SCHWEIGGER 13, 449).
1814 Stärke und Jod geben eine blaue Verbindung, COLIN und GAULTIER (FLÜCKIGER 249).
1814 Stärke-Verflüssigung durch den „Kleber" gekeimter Gerste, KIRCHHOFF (SCHWEIGGER 14, 389).
1814 Zucker, Stärke, Gummi enthalten die nämlichen Elemente in identischen Verhältnissen, GAY-LUSSAC (A. ch. 91, 149; GR. 50). — Vgl. SAUSSURE (GILBERT 49, 129): Analyse der Glykose.
1815 Cholesterin völlig rein gewonnen, CHEVREUL (A. ch. 95, 5; 96, 306; THÉNARD 4, 1132).
1815 Cyan, frei dargestellt, ebenso Chlorcyan, „in dem das Chlor den Wasserstoff der Blausäure ersetzt", GAY-LUSSAC (A. ch. 95, 136, 200; GR. 25)[5]).
1815 Diastase beob., für Kleber gehalten, KIRCHHOFF[6]).
1815 Elementaranalyse durch Verbrennung mit Kupferoxyd; Analyse des Alkohols, Äthers usf.; GAY-LUSSAC (A. ch. 95, 184, 311; 96, 306); GR. 32. — Vgl. DÖBEREINER (SCHWEIGGER 18, 369; HJ. 46).

---

[1]) Pikrotoxin von πικρός (pikrós) = bitter und τοξικόν (toxikón) = Gift.

[2]) Cumarin von Cumaru, dem südamerikanischen Namen des Baumes; diesen Namen gab erst weit später GUIBOURT.

[3]) Margarinsäure von μάργαρον (márgaron) = Perle; Caprinsäure von caper = Bock; Cetyl von κῆτος (kétos) =Wal.

[4]) Solche Angaben fehlen zumeist noch in der 1. Aufl. des „Lehrbuches" von BERZELIUS, die gegen 1810 verfaßt ist.

[5]) Cyan von κύανος (kýanos) = blau.

[6]) Quellennachweis verlorengegangen.

1815 Glykose zeigt Reduktionsvermögen gegenüber Kupfersalzen, VOGEL (J. ph. 1, 241).
1815 Glykose zerfällt bei der Gärung in je 2 Mol. Alkohol und Kohlensäure, GAY-LUSSAC (A. ch. 95, 311; GR. 27).
1815 Optische Aktivität organischer Stoffe, u. a. Rohrzucker, Weinsäure, Terpentinöl, BIOT und SEEBECK (LANDOLT, ,,Das optische Drehungsvermögen organischer Substanzen", Braunschweig 1898; 6, 40).
1815 Stärkekörner in Pflanzenzellen beob., BERZELIUS (A. ch. 95, 82); SAUSSURE (A. ch. II, 2, 387; [1816]).
1816 Cumarin beob., für Benzoesäure gehalten, VOGEL (A. ch. II, 3, 291).
1816 Essigsäure aus Alkohol durch Oxydation mittels Platin, DÖBEREINER (SCHWEIGGER 17, 121, 364).
1816 Jodcyan aus Jod und Cyan, DAVY (GILBERT 54, 384).
1816 Morphin und Mekonsäure[1]) aus Opium; Morphin als Pflanzenbase erkannt; SERTÜRNER (GILBERT 55, 56).
1816 Oxalsäure [,,wasserfrei" = $C_2O_3$] für ,,kohlensaures Kohlenoxyd" erklärt, DÖBEREINER (SCHWEIGGER 16, 105).
1817 Alloxan beob., BRUGNATELLI (SCHWEIGGER 24, 208).
1817 ff. Chinin, Cinchonin, Brucin, Strychnin, Emetin[2]) rein erhalten, PELLETIER, CAVENTOU, MAGENDIE (vgl. A. ch. II, 4, 172; II, 8, 305, 323, 401; II, 10, 142; II, 12, 118; II, 15, 291, 337; DUMAS 5, 712ff., 735, 744; GR. 36, 37).
1817 Emulsin beob., in Mandeln, VOGEL (SCHWEIGGER 19, 59)[3]).
1817 Erdöl als Kohlenwasserstoff erkannt, SAUSSURE (KOPP, ,,Entwicklung der Chemie in der neueren Zeit", München 1873; 546).
1817 Fumarsäure und Maleïnsäure bei der trockenen Destillation der Äpfelsäure erhalten, BRACONNOT (A. ch. II, 6, 239), VAUQUELIN (A. ch. II, 6, 337).
1817 Iso-Valeriansäure aus Delphinöl, CHEVREUL (A. ch. II, 7, 264).
1817 Mekonin beob., Natur nicht erkannt, DUBLANC (A. ch. II, 5, 49).
1817 Narcotin aus Opium, ROBIQUET (GR. 36)[4]).
1817 Optische Aktivität der Glykose beob., BIOT (A. ch. II, 4, 90).
1817 Oxamid aus Oxaläther und Ammoniak, BAUHOF (SCHWEIGGER 19, 308; HJ. 53).
1817 Xanthin[5]) aus Blasensteinen, MARCET (vgl. SCHWEIGGER 26, 1 [1819] und E. FISCHER, B. 32, 441 [1899]).
1818 Bernsteinsäure bei der Essiggärung beob., BEISSENHIRZ (Jahresb. f. Pharmac., Berlin; 158).
1818 Carmin aus Cochenille, PELLETIER und CAVENTOU (A. ch. II, 8, 255)[6]).

---

[1]) Mekonsäure von μήκων (mékon) = Mohn.
[2]) Emetin von ἔμετος (émetos) = Erbrechen.
[3]) Emulsin von emulgere = ausmelken, in Milch überführen.
[4]) Narkotin von νάρκη (nárke) = Betäubung.
[5]) Xanthin von ξανθός (xanthós) = gelb: Gelbfärbung durch Behandlung mit Salpetersäure.
[6]) Schon früher von JOHN beobachtet?

1818 „Chlorophyll" aus grünen Blättern, PELLETIER und CAVENTOU (A. ch. II, 9, 194)[1]).
1818 Crotonsäure aus Crotonsamen, PELLETIER und CAVENTOU (J. ph. 1818; Rep. f. Pharm. 6, 300).
1818 Ellagsäure aus Galläpfeln [„Ellag", Umkehrung von „Galle"]; BRACONNOT (A. ch. II, 9, 187; GR. 29).
1818 Jodäthyl rein gewonnen und analysiert, GAY-LUSSAC (A. ch. II, 9, 89).
1818 Leucin aus faulendem Käse, PROUST (A. ch. II, 10, 40)[2]).
1818 Murexid beob., BRUGNATELLI (THÉNARD 5, 260), PROUT (A. ch. II, 8, 201; Phil. Trans. 420); GR. 30[3]).
1818 Pyrogallussäure bei der trockenen Destillation der Gallussäure, BRACONNOT (A. ch. II, 9, 181).
1818 Pyroschleimsäure durch Erhitzen von Schleimsäure, HOUTON (A. ch. II, 9, 365).
1818 Schwefelcyan beob., VAUQUELIN (KOPP 1, 353).
1818 Terpentinöl als Kohlenwasserstoff erkannt, HOUTON (KOPP, „Entwicklung" 546).
1818 Terpentinöl analysiert, LABILLARDIÈRE (TSCHIRCH 2, 289).
1819 Atropin und Hyoscyamin entdeckt und als alkalischer Natur erkannt, BRANDES (SCHWEIGGER 28, 9; GILBERT 65, 372)[4]).
1819 Caseïn beob., PROUT (A. ch. II, 10, 29).
1819? Cholesterin im Gehirn beob., CHEVREUL (DUMAS 8, 904).
1819 Fumarsäure aus Äpfelsäure rein erhalten, LASSAIGNE (A. ch. II, 11, 93; HJ. 53).
1819 Glykokoll aus Leim; Leucin aus Fleisch, BRACONNOT (A. ch. II, 13, 119, [1820]; GR. 30)[5]).
1819 Glykose aus Cellulose erhalten, GAY-LUSSAC und BRACONNOT (A. ch. II, 12, 172).
1819 Iso-Valeriansäure aus Baldrianwurzel beob., für Essigsäure gehalten, PENTZ (A. ph. 28, 338).
1819 Maltose beob., nicht erkannt, SAUSSURE (A. ch. II, 11, 379).
1819 Naphthalin aus Teer beob., GARDEN und KIDD (Annals of philos. 15, 74; 17, 148, [1822]; Phil. Trans. 1821, 209; HJ. 54).
1819 Piperin aus Pfeffer, OERSTED (J. ph. 6, 373; HJ. 52).
1819 Ptyalin des Speichels beob., LEUCHS[6]).
1819 „Saponin", bei GMELIN (Handbuch d. theoret. Chemie).
1819 Senföl enthält Schwefel, THIBIERGE (TSCHIRCH 2, 1493).
1819 „Spezifische Drehung" des Rohrzuckers ermittelt und diesen Begriff festgestellt, BIOT (Mém. de l'Acad. 2, 41).

---

[1]) Chlorophyll von $\chi\lambda\omega\rho\acute{o}\varsigma$ (chlorós) = grün und $\varphi\acute{v}\lambda\lambda o\nu$ (phýllon) = Blatt.
[2]) Leucin von $\lambda\varepsilon v\varkappa\acute{o}\varsigma$ (leukós) = weiß.
[3]) Murexid von murex = Purpurschnecke.
[4]) Hyoscyamin von $\tilde{v}\varsigma$ (hýs) = Schwein und $\varkappa\acute{v}a\mu o\varsigma$ (kýamos) = Bohne.
[5]) Glykokoll von $\gamma\lambda v\varkappa\acute{v}\varsigma$ (glykýs) = süß und $\varkappa\acute{o}\lambda\lambda a$ (kólla) = Leim; den Namen gab erst 1846 HORSFORD (A. 60, 1).
[6]) Den Namen gab erst weit später BERZELIUS.

1819 Traubensäure (= KESTNERs Vogesensäure) als besondere Säure erkannt, JOHN[1]).
1819 Veratrin isoliert, als „Alkaloïd" bezeichnet, MEISSNER (SCHWEIGGER 25, 377; TSCHIRCH 1, 412, 976).
1820 Aconitsäure aus Aconitarten, PESCHIER (TROMMSDORFF 5, 1, 94).
1820 Albumin, BRANDE (GILBERT 64, 354).
1820 Anisöl untersucht, SAUSSURE (A. ch. II, 13, 280).
1820 „Ätherische Öle" enthalten flüssige, dem Terpentinöl gleichende Kohlenwasserstoffe, SAUSSURE und HOUTON (A. ch. II, 13, 259; THÉNARD 4, 99; HJ. 55).
1820 Äthylenjodid aus Äthylen und Jod, FARADAY (Ann. of philos. [1822]).
1820 Äthyl-Phosphorsäure, LASSAIGNE (A. ch. II, 13, 294).
1820 Caffeïn aus Kaffeebohnen, RUNGE (SCHWEIGGER 31, 208).
1820 Campher untersucht, SAUSSURE (A. ch. II, 13, 275).
1820 Cumarin beob., für Benzoesäure gehalten, VOGEL (GILBERT 64, 161)[2]).
1820 Cyanursäure, CHEVALLIER und LASSAIGNE (A. ch. II, 13, 155).
1820 Solanin, aus Beeren von Solanum nigrum, DESFOSSES (J. ph. 6, 374; 7, 414).
1820 Weizenkleber enthält in Wasser lösliches Gliadin[3]) und unlösliches Pflanzenfibrin[4]), TADDEI (HUSEMANN-HILGER 1115).
1821 ff. Aldehyd bei der Oxydation des Alkohols beob., DÖBEREINER (SCHWEIGGER 32, 269 und 34, 124; KOPP 4, 327).
1821 Alkohol, Äther, Chlor- und Jod-Äthyl, Harnstoff richtig analysiert, AVOGADRO (GUARESCHI, St. d. Ch. 1, 35).
1821 Ameisensäure bei der Oxydation von Weinsäure und von Kohlenhydraten mit Braunstein und Schwefelsäure, DÖBEREINER (SCHWEIGGER 32, 344; A. ch. II, 20, 329).
1821 Caffein [selbständig], ROBIQUET, PELLETIER und CAVENTOU (vgl. BERZELIUS Jahr. 4, 180 [1825]).
1821 Hexachlor-Äthan aus Äthylenchlorid; Tetrachlor-Äthylen; Hexachlor-Benzol, FARADAY (Phil. Trans. 1; GR. 44).
1821 Jodcyan näher untersucht, WÖHLER (GILBERT 69, 281; KOPP 4, 378).
1821 Xanthogensäure aus Schwefelkohlenstoff und alkoholischem Kali, ZEISE (SCHWEIGGER 35, 173)[5]).
1822 Cyansäure, WÖHLER (GILBERT 71, 95; HJ. 56).
1822 Ferricyankalium aus gelbem Blutlaugensalz und Chlor, GMELIN (KOPP 4, 378).
1822 Itaconsäure und Isomere, LASSAIGNE (A. ch. II, 21, 100)[6]).

---

[1]) Quellennachweis verlorengegangen; den Namen gab erst 1829 GMELIN (KOPP 4, 353).
[2]) Den Namen gab GUIBOURT, als er den Stoff im Samen von Cumarium odorata auffand (FLÜCKIGER 771).
[3]) Gliadin von γλία (glía) = Leim.
[4]) Fibrin von fibra = Faser.
[5]) Xanthogensäure von ξανθός (xanthós) = gelb und γεννάω (gennáo) = ich bringe hervor.
[6]) Den Namen gab erst 1840 CRASSO (A. 34, 53).

1822 Jodoform, SERULLAS (A. ch. II, 20, 163; II, 22, 172 [1823]; HJ. 97).
1823 Aceton bei der trockenen Destillation von Acetaten, MACAIRE und MARCET (SCHWEIGGER 40, 348).
1823 Buttersäure, CHEVREUL (A. ch. II, 23, 16).
1823 Chitin der Insekten, ODIER (Mém. du Mus. d'hist. nat. [1], 35)[1]).
1823 Cyan verflüssigt, FARADAY (KOPP 4, 378).
1824 Caffein untersucht, PELLETIER (HJ. 52).
1824 Fraktionierte Krystallisation und Destillation zur Prüfung der Einheitlichkeit von Stoffen, CHEVREUL (KOPP, „Entwicklung" 541).
1824 Knallsäure und Cyansäure sind isomer, WÖHLER (POGG. 1, 120); GAY-LUSSAC und LIEBIG (A. ch. II, 25, 285).
1824 „Lebenskraft" ist kein Erklärungsprinzip für die Existenz organischer Stoffe, CHEVREUL (GR. 34).
1824 Oxalsäure aus Cyan; Synthese der Oxalsäure, WÖHLER (POGG. 3, 177; GR. 55).
1824 ff. Pektine und Pektinsäuren aus Fruchtsäften, Früchten usf., BRACONNOT (A. ch. II, 28, 173)[2]).
1824 Taurin aus Ochsengalle, GMELIN (POGG. 9, 326 [1827]; GR. 281)[3]).
1825 Benzol und Butylen aus komprimiertem Ölgas; Isomerie des Äthylens und Butylens, FARADAY (Phil. Trans. 440; GR. 44).
1825 Krokonsäure und Rhodizonsäure aus Kohlenoxyd und Kalium, GMELIN (POGG. 4, 37; GR. 56)[4]).
1825? Quercitrin aus Quercus tinctoria, BRANDT (BRANDES 21, 25).
1825 Sinapin aus weißem Senfsamen, HENRY und GAROT (J. ph. 42, 1).
1826 Abietin- und Pininsäure aus Harz, BAUP (TSCHIRCH 1, 978)[5]).
1826 Alizarin und Purpurin aus Krapp, COLIN und ROBIQUET (A. ch. II, 34, 225; GR. 119)[6]).
1826 Anilin aus Indigo, UNVERDORBEN (POGG. 8, 397; GR. 118)[7]).
1826 Dampfdichten-Bestimmung, DUMAS (A. ch. II, 33, 342).
1826 Fumarsäure aus isländischem Moos, PFAFF (SCHWEIGGER 47, 476).
1826 Guajakol aus Guajakharz, UNVERDORBEN (POGG. 8, 402; GR. 349).
1826 Hämatin aus Blut, TIEDEMANN und GMELIN „Die Verdauung", Heidelberg 1826 (Vorrede; 1, 13).
1826 Naphthalinsulfosäure in zwei Isomeren; [erste Sulfosäuren], FARADAY (Phil. Trans. 140; GR. 45)[8]).
1826 Pankreatin, TIEDEMANN und GMELIN (a. a. O.; 1, 25).

---

[1]) Chitin von χιτών (chitón) = Bedeckung, Panzer.
[2]) Pektin von πηκτύς (pektýs) = geronnen.
[3]) Taurin von ταῦρος (taúros) = Stier.
[4]) Krokonsäure von κρόκος (krókos) = Safran; Rhodizonsäure von ῥόδον (rhódon) = Rose.
[5]) Abietinsäure von abies = Tanne; Pininsäure von pinus = Fichte.
[6]) Alizarin: Krapp heißt bei DIOSKURIDES ῥίζα (rhíza) = Wurzel, im Neugriechischen ῥιζάρι (rhizári) oder (vermöge einer nicht seltenen sprachlichen Umwandlung) ἀλιζάρι (alízari). — Die Ableitung aus dem arabischen al-azāra (= das Ausgepreßte) ist sprachlich und sachlich ganz unwahrscheinlich.
[7]) Anilin von anil, al-nil = der Blaue, nämlich Indigo (persisch und arabisch).
[8]) Naphthalin vom persischen naft = Flüssigkeit, besonders auch Erdöl, Teeröl u. dgl.

1826 Traubensäure und Weinsäure sind isomer, GAY-LUSSAC (SCHWEIGGER 48, 38).
1827 Alkohol liefert bei der Oxydation nur Essigsäure, DÖBEREINER (SCHWEIGGER 54, 416 [1828]).
1827 Asparaginsäure aus Asparagin und Alkali, HENRI und PLISSON (A. ch. II, 35, 175; 36, 183).
1827 Äther-Bildung aus Alkohol quantitativ untersucht, DUMAS und BOULLAY (A. ch. II, 36, 277).
1827 Bromäthyl aus Alkohol, Brom und Phosphor, SERULLAS (A. ch. II, 34, 99).
1827 Bromcyan, SERULLAS (POGG. 9, 343; 11, 87).
1827 Chlorcyan, festes, SERULLAS (A. ch. II, 35, 291, 337; KOPP 4, 380).
1827 Coniin aus Schierling, nicht rein, GIESECKE (BRANDES 20, 97; HJ. 52; GR. 39).
1827 Cyanamid aus Cyan und Ammoniak, SERULLAS (POGG. 14, 443; 21, 495 [1831]).
1827 Elementaranalyse unter Sauerstoffzufuhr nach SAUSSURES Vorschlag, PROUT (Ann. of phil. 15, 190).
1827 Eugenol aus Nelkenöl, BONASTRE (A. ch. II, 35, 274; J. ph. 11, 403)[1]).
1827 Legumin, rein erhalten, BRACONNOT (A. ch. II, 34, 68).
1827 Nährstoffe zerfallen in die drei großen Gruppen Eiweißstoffe, Fettkörper, Kohlenhydrate; Zucker, Stärke, Cellulose, Gummi sind gleichartige Verbindungen von Kohlenstoff und Wasser, PROUT (Phil. Trans. 355; GR. 30).
1827 Schleimige Gärung beob., BRACONNOT (A. ch. II, 34, 68).
1827 Schwefelcyankalium im Speichel beob., GMELIN und TIEDEMANN (POGG. 9, 321).
1827 Styracin aus Styrax [erster aromatischer Ester], BONASTRE (J. ph. 13, 149; TSCHIRCH 1, 977).
1827 Taurin rein dargestellt, aus Rindergalle, GMELIN und TIEDEMANN (POGG. 9, 327).
1827 „Thein" aus Tee, OUDRY (Magaz. f. Pharm. 19, 49) [ist identisch mit Caffein].
1828 Aconitsäure, rein dargestellt, BRACONNOT (A. ch. II, 39, 10).
1828 Alizarin-Glykosid im Krapp vermutet, ZENNECK (POGG. 13, 261; GR. 120).
1828 Ätherin-Theorie [erste Radikaltheorie], DUMAS und BOULLAY (A. ch. II, 37, 15).
1828 Äthylschwefelsäure; Entstehung von Alkohol aus ihr und aus Äthylen, FARADAY und HENNELL (Phil. Trans. 365, 371, 385; GR. 57, 94).
1828 Cyankalium beim Leiten von Stickstoff über rotglühendes Kali nebst Kohle, DESFOSSES (A. ch. II, 38, 160; GR. 55).
1828 „Emulsin" aus Mandeln, SOUBEIRAN (J. ph. 14, 397).
1828 Glykose richtig analysiert, SAUSSURE (POGG. 12, 265).
1828 Harnstoff-Synthese aus cyansaurem Ammonium, WÖHLER (POGG. 12, 253; GR. 52, 55).
1828 Maleinsäure im Pflanzenreich beob. [irrtümlich?], BRACONNOT (A. ch. II, 39, 5).

---

[1]) Eugenol von Eugenia caryophyllata, der Gewürznelke; den Namen gab erst CAHOURS (TSCHIRCH 2, 1221). Eugenia von εὖ (eu) = wohl und γένος (génos) = erzeugt.

1828 Nicotin aus Tabak, POSSELT und REIMANN (GEIGER 24, 138; HJ. 52; GR. 39).
1828 Salicin in Weidenrinde beob., BUCHNER (Repert. f. Pharm. 29, 405)[1]).
1829 Hippursäure aus Harn, LIEBIG (POGG. 17, 389; GR. 13).
1829 Iso-Valeriansäure aus Baldrianwurzel beob., GROTE (BRANDES 33, 160).
1829 Orcin aus der Orseilleflechte Lichen orcina, ROBIQUET (A. ch. II, 42, 236; GR. 121).
1829 Oxalsäure aus Kohlenhydraten durch die Kalischmelze, GAY-LUSSAC (A. ch. II, 41, 389; GR. 105).
1829 Schwefelcyan, LIEBIG (POGG. 15, 541).
1830 Aceton analysiert, LIEBIG (A. 1, 223).
1830 Amygdalin aus Mandeln, ROBIQUET und BOUTRON (A. ch. II, 44, 352; GR. 96.
1830 „Isomerie" und „Polymerie", BERZELIUS (POGG. 19, 305; GR. 53)[2]).
1830 Paraffin aus Holzteer, REICHENBACH (SCHWEIGGER 59, 436; GR. 107)[3]).
1830 Salicin aus Weidenrinde, krystallisiert erhalten, LEROUX (A. ch. II, 43, 440).
1830 Santonin aus Wurmsamen, KAHLER (BRANDES 34, 318; 35, 216); AHNS (ebd. 34, 319)[4]).
1830 Stickstoff-Bestimmung, DUMAS (A. ch. II, 44, 133, 172).
1831 Ameisensäure aus Blausäure, und Blausäure aus Ammonium-Formiat, PELOUZE (A. ch. II, 48, 395).
1831 Atropin rein erhalten, MEIN (A. 6, 67), GEIGER und HESSE (A. 5, 43; 6, 44); HJ. 174.
1831 Camphen aus Pinen-Chlorhydrat und Kalk, OPPERMANN (POGG. 22, 193; vgl. DUMAS, A. 6, 245 [1833]).
1831 Carotin aus Möhren, WACKENRODER (GEIGER 35, 114).
1831 Chloroform und Chloral aus Alkohol und Chlor, LIEBIG (POGG. 24, 444; A. 1, 189; die Formeln sind noch unrichtig). Chloroform aus Alkohol und Chlorkalk, SOUBEIRAN (A. ch. II, 48, 131); GUTHRIE (SILLIMANs Amer. Journ. 21, 64 [1832]); GR. 76.
1831 Coniin rein erhalten, GEIGER (GEIGER 35, 72, 259).
1831 Ergotin aus Mutterkorn, WIGGERS (A. 1, 129)[5]).
1831 Fumarsäure aus Fumaria officinalis (Erdrauch), WINCKLER (Repert. f. Pharm. 39, 48, 362).
1831 Kali-Apparat zur Elementaranalyse, LIEBIG (POGG. 21, 1; GR. 22).
1831 Naphthalin bei trockener Destillation, unter Einfluß höherer Temperatur, REICHENBACH (POGG. 28, 484; GR. 343).
1831 Pyrogallussäure aus Gerbsäure, bei trockener Destillation, BRACONNOT (A. ch. II, 46, 206).

---

[1]) Salicin von salix = Weide.
[2]) Iso- und Polymerie von ἴσος (ísos) = gleich, πολύς (polýs) = viel und μέρος (méros) = Teil.
[3]) Paraffin von parum = wenig und affinis = verwandt.
[4]) Santonin: Santonicum ist bei PLINIUS und DIOSKURIDES eine Art Absinthium, die im Gebiete der Santonen in Gallien wächst.
[5]) Ergotin vom französischen ergot = Sporn, Klaue (nach der Gestalt des Mutterkornes).

1831 Styrol aus Styrax, BONASTRE (GEIGER 36, 90).
1831 Vanillin beob., BLEY (BRANDES 38, 132; TSCHIRCH 2, 1286).
1832 Aceton analysiert, DUMAS (A. ch. II, 47, 203; HJ. 163).
1832 Aldehyd bei der Oxydation von Alkohol mit Platinmohr, und Aldehyd-Ammoniak, beob., DÖBEREINER (KOPP 4, 328).
1832 Ameisensäure aus Blausäure, GEIGER (A. 1, 54).
1832 Anthracen aus Teer, DUMAS und LAURENT (A. ch. II, 50, 182)[1]).
1832 Äthyl-Phosphorsäure, PELOUZE (A. ch. II, 52, 37; GR. 61).
1832ff. Benzol aus Benzoesäure, Nitrobenzol, Azobenzol, Benzolsulfosäure, Diphenylsulfon, Chlor- und Brom-Additionsprodukte des Benzols usf., MITSCHERLICH (Berl. Akad. 1835; GR. 62; HJ. 169ff.)[2]).
1832 Benzoyl-Verbindungen[3]): Benzaldehyd und seine Umwandlung in Benzoesäure, Benzoesäureester, Benzoylchlorid, Halogen- und Cyan-Verbindungen, Benzamid, Benzoine usf., LIEBIG und WÖHLER, (A. 3, 247; GR. 59).
1832 Bromoform, LÖWIG (A. 3, 295; HJ. 97).
1832 Codein, ROBIQUET (A. ch. II, 51, 225).
1832 Cymol aus Campher und Phosphorsäure-Anhydrid, DUMAS (A. ch. II, 50, 226).
1832 Elaidinsäure aus Ölsäure und salpetriger Säure, BOUDET (A. 4, 1)[4]).
1832 Furol aus Zucker und Schwefelsäure, beob., DÖBEREINER (A. 3, 141[5]).
1832 Kreatin beob., CHEVREUL (SCHWEIGGER 65, 166).
1832 Kreosot aus Holzteer, REICHENBACH (SCHWEIGGER 65, 461; 66, 301, 345 [1832]; GR. 107)[6]).
1832 Mandelsäure, Entstehung aus Benzaldehyd und Blausäure, WINCKLER (Repert. d. Pharm. 27, 388; 39, 169; vgl. A. 18, 310; GR. 56).
1832 Mekonin aus Opium, COUERBE (A. ch. II, 49, 44; 50, 337).
1832 Menthol analysiert, DUMAS (A. ch. II, 50, 232); BLANCHET und SELL (A. 6, 293).
1832 Mesitylen aus Aceton („Mesitöl") und konz. Schwefelsäure, KANE (HJ. 163); s. POGG. 44, 473 [1838][7]).
1832ff. Naphthalin und Derivate untersucht, LAURENT (A. ch. II, 49, 214).
1832 Narcein aus Opium, PELLETIER (A. ch. II, 50, 240).
1832 Terpentinöl untersucht, BOULLAY und CLUSEL (A. ch. II, 51, 270).
1833 Acetal analysiert, LIEBIG (A. 5, 25); GR. 42[8]).
1833 Aconitin und Colchicin, GEIGER und HESSE (A. 7, 276, 274).
1833 Alkohol- und Äther-Formeln $C_3H_6O$ und $C_4H_{10}O$ [wie schon 1821 AVOGADRO], GAUDIN (A. ch. II 52, 113; GR. 226).

---

[1]) Anthracen von ἄνθραξ (ánthrax) = Kohle.
[2]) Benzol: diesen Namen (statt Benzin) gab 1834 LIEBIG (A. 9, 43; HJ. 169).
[3]) Benzoyl: von Benzoe und ὕλη (hýle) = Stoff, Substanz.
[4]) Elaidinsäure von ἔλαιον (élaion) = Öl.
[5]) Furol (Furfurol) aus furfur (Kleie) und oleum (Öl); den Namen gab 1845 FOWNES, als er die Substanz aus Kleie erhielt.
[6]) Kreosot von κρέας (kréas) = Fleisch und σώζω (sózo) = ich schütze, konserviere.
[7]) Mesitylen von μεσίτης (mesítes) = Vermittler; so nannte 1833 REICHENBACH das Aceton aus rohem Holzgeist, weil er es für einen „Vermittler" hielt, nämlich für den zwischen Alkohol und Äther (SCHWEIGGER 69, 175).
[8]) Beobachtet schon seit 1821 von DÖBEREINER (SCHWEIGGER 34, 124).

1833 „Äthereum"- (= Äthyl-) Theorie, KANE (Dublin Journ. 2, 348).
1833 Äthylsulfid, DÖBEREINER (SCHWEIGGER 61, 377).
1833 Atropin, LIEBIG (A. 6, 66).
1833 Benzol aus benzoesaurem Calcium, PÉLIGOT (A. ch. II, 56, 59), unabhängig von MITSCHERLICH (A. ch. II, 55, 46; A. 9, 39).
1833 Citronenöl und seine Bestandteile, BLANCHET und SELL (A. 6, 280).
1833 „Dextrin" aus Stärke, BIOT und PERSOZ (A. ch. II, 52, 72).
1833 Diastase aus gekeimter Gerste, PAYEN und PERSOZ (A. ch. II, 53, 73); GR. 28.
1833 Gerbsäure, PELOUZE (A. ch. II, 54, 337); LIEBIG (A. 10, 172 [1834]).
1833 Isäthionsäure (= Äthylenhydrin-Sulfonsäure) aus Alkohol und Schwefelsäure, MAGNUS (A. 6, 163).
1833 Iso-Valeriansäure aus Delphinöl und Baldrianwurzel sind identisch, TROMMSDORFF und ETTLING (A. 6, 176).
1833 Kohlenwasserstoffe, flüchtige, des Steinöls, BLANCHET und SELL (A. 6, 308), PELLETIER und WALTER (J. ph. 26, 549).
1833 Mercaptan, ZEISE (A. 11, 1 [1834]; GR. 70)[1]).
1833 Methyläther im rohen Holzgeist beob., REICHENBACH (SCHWEIGGER 69, 175).
1833 Pfefferminzöl und Menthol, BLANCHET und SELL (A .6, 259, 293), KANE (J. ph. 15, 155 [1838]).
1833 Saponin rein erhalten, BUSSY (TSCHIRCH 2, 1497).
1833 Stickstoff-Bestimmung, verbesserte, DUMAS (A. ch. II, 53, 171; GR. 23).
1833 Terpentin-Hydrat aus Terpentinöl und verdünnten Säuren, BLANCHET und SELL (A. 6, 268), DUMAS und PÉLIGOT (A. ch. II, 57, 334 [1834]).
1833 Thebain aus Opium beob., PELLETIER (J. ph. 21, 556).
1833 Zuckersäure [wahre] durch Oxydation von Glykose, GUÉRIN-VARRY (A. ch. II, 52, 318), ERDMANN (J. pr. 9, 257 [1836]).
1834 „Äthyl" als Namen für die $C_2H_5$-Gruppe, LIEBIG (A. 9, 1; GR. 68)[2]).
1834 Alkyl-Cyanide aus den Sulfiden und Cyankalium, PELOUZE (HJ. 365).
1834 Anilin, Chinolin[3]), Pyrrol[4]), Phenol[5]) („Carbolsäure") aus Teer, beob., nicht analysiert, RUNGE (POGG. 31, 63, 315, 498; 32, 308); GR. 106.
1834 Bromoform, DUMAS (A. ch. II, 56, 113); [ob selbständig? (s. LÖWIG 1832)].
1834 Chloral, Chloralhydrat, Chloroform, Bromoform, Jodoform: richtige Formeln, DUMAS (A. ch. II, 56, 113; GR. 78; HJ. 97)[6]).
1834 Cyanamid untersucht, LIEBIG (A. 10, 43).
1834 Diphenylketon (Benzophenon), PÉLIGOT (A. 12, 41).
1834 Eugenol aus Nelkenöl, DUMAS und BONASTRE (A. 9, 66).

---

[1]) Mercaptan von Mercur = Quecksilber und capere = binden, oder aptum = verwandt.
[2]) Äthyl von Äther und ὕλη (hýle) = Substanz.
[3]) Chinolin von Chinin (woraus später erhalten) und oleum = Öl.
[4]) Pyrrol von πυρρός (pyrrós) = feuerrot und oleum = Öl.
[5]) Phenol von φαίνω (phaíno) = ich leuchte und ol, Endsilbe von Alkohol, da der Stoff anfangs als ein solcher galt.
[6]) Die Namen auf „-form" rühren daher, daß diese Körper bei der Zersetzung durch Alkalien Ameisensäure ergeben (formica = Ameise, daher z. B. französisch acide formique).

1834 Fumarsäure aus Fumaria und aus Äpfelsäure sind identisch, DEMARCAY (A. ch. II, 56, 72, 429).
1834 ,,Kontakt-Wirkung" als Quelle wichtiger organischer Reaktionen, MITSCHERLICH (POGG. 31, 273; GR. 95).
1834 Methylalkohol und Derivate, DUMAS und PÉLIGOT (A. ch. II, 58, 5 [1835]; GR. 103)[1]).
1834 Nitrobenzol untersucht, MITSCHERLICH (POGG. 31, 625; A. 12, 305).
1834 Rosolsäure aus Teer, RUNGE (POGG. 31, 65; HJ. 234)[2]).
1834 Salicyl-Aldehyd aus den Blüten der Spiraea ulmaria, PAGENSTECHER (Repert. f. Pharm. 49, 337)[3]).
1834 Substitutions-Theorie, DUMAS (A. ch. II, 56, 182; GR. 78).
1834 Terpentinöl-Chloride, DUMAS (A. ch. II, 56, 140).
1834 Zimtaldehyd und Zimtsäure aus Zimtöl, DUMAS und PÉLIGOT (A. ch. II, 57, 305, 341).
1835 Acetonitril aus methylschwefelsaurem Kalium und Cyankalium, DUMAS und PÉLIGOT (A. ch. II, 58, 36).
1835 Aconitsäure aus Citronensäure, beob., BAUP (A. ch. II, 61, 182 [1836]).
1835 ,,Aldehyd" rein erhalten, LIEBIG (A. 14, 133; GR. 42)[4]).
1835 Anthracen aus Teer, DUMAS und LAURENT (A. ch. II, 60, 220; GR. 79).
1835 Benzol-Hexachlorid, $C_6H_6 \cdot Cl_6$, MITSCHERLICH (POGG. 35, 370).
1835 Bernsteinsäure-Anhydrid, DARCET (A. ch. II, 58, 288).
1835 Bromacetyl, Jodacetyl, REGNAULT (A. ch. II, 59, 358).
1835 Chlor-, Jod-, Fluor-Methyl; Dimethylsulfat; DUMAS und PÉLIGOT (A. ch. II, 58, 29).
1835 Fumarsäure und Maleinsäure aus Äpfelsäure näher untersucht, PELOUZE (POGG. 36, 59).
1835 Gallussäure durch Oxydation von Gerbsäure; Pyrogallussäure aus Gallussäure, PELOUZE (POGG. 36, 40).
1835 ,,Katalyse", BERZELIUS (Jahresber. 15, 241; GR. 96; POGG. 37, 66 [1836])[5]).
1835 Kohlenwasserstoffe aus Kautschuk, bei trockener Destillation, GREGORY (A. 16, 61); vgl. HIMLY (A. 27, 40 [1838]); BOUCHARDAT (J. ph. [1837] 454).
1835 Kreatin rein erhalten, CHEVREUL (J. ph. 21, 234)[6]).
1835 ,,Mucin" aus Kleber, SAUSSURE (Bibl. univers. de Genéve, 200)[7]).
1835 Optische Aktivität; spezifische Drehung, PASTEUR (Mém. de l'Acad. 13, 116).
1835 Phlorrhizin aus Wurzelrinden abgeschieden, DE KONINCK (A. 15, 75, 258)[8]).

---

[1]) Methyl von μεθύω (methýo) = ich mache trunken und ὕλη (hýle) = Substanz; Methylalkohol ist tatsächlich weit berauschender als Alkohol. Den Namen gab BERZELIUS.
[2]) Rosolsäure von roseus = rötlich.
[3]) Salicyl von salix = Weide und ὕλη (hýle) = Substanz.
[4]) Aldehyd von Al [kohol] dehyd [roxydatus].
[5]) Katalyse von κατά (katá) = auseinander und λύω (lýo) = ich löse. Diesen Ausdruck gebrauchte schon LIBAVIUS in der ,,Alchymie" (Frankfurt 1597, 204).
[6]) Kreatin von κρέας (kréas) = Fleisch.
[7]) Mucin von mucus = Schleim.
[8]) Phlorrhizin von φλοιός (phloiós) = Rinde und ῥίζα (rhiza) = Wurzel.

1835 Pyrotraubensäure (Brenztraubensäure) aus Traubensäure, BERZELIUS (POGG. 36, 1).
1835 Salicylaldehyd rein erhalten, PAGENSTECHER (Repert. f. Pharm. 51, 337).
1835 Succinamid, D'ARCET (A. ch. II, 58 282)[1].
1835 Thebain rein erhalten, PELLETIER (A. ch. II, 50, 420); COUERBE (ebd. 55, 136).
1836 Acetylen aus Kohlenoxydkalium-Masse und Wasser, E. DAVY (A. 23, 144; GR. 269)[2].
1836? Anthrachinon aus Anthracen und Salpetersäure, LAURENT (GR. 335; vgl. A. 34, 287 [1840]).
1836 Benzil bei Oxydation von Benzoin, LAURENT (A. 17, 91).
1836 Dulcit aus Melampyrum-Arten, HÜNEFELD (J. pr. 7, 233; 9, 47)[3].
1836 Fumarsäuren jederlei Herkunft sind identisch, SCHÖDLER (A. 17, 148).
1836 Glycerin-Schwefelsäure, PELOUZE (A. ch. II, 63, 21).
1836 Methylal, KANE (A. 19, 175).
1836 Önanthylsäure aus Wein, LIEBIG und PELOUZE (A. 19, 241)[4].
1836 „Pepsin" der Magenschleimhaut wirkt in Verbindung mit Salzsäure, SCHWANN (POGG. 38, 90, 358)[5].
1836 „Phenyl", LAURENT (A. ch. II, 63, 27).
1836 Phthalsäure durch Oxydation von Naphthalin; Phthalimid, LAURENT (A. ch. II, 61, 113)[6].
1836 Protein und Derivate, MULDER (POGG. 37, 594; J. pr. 16, 129, 297 [1839])[7].
1836 Rufigallussäure (Hexaoxy-Anthrachinon) aus Gallussäure und konz. Schwefelsäure, ROBIQUET (A. 19, 204)[8].
1836 Schleimsäure-Methylester und -Äthylester [erste krystallisierte Ester], MALAGUTI (GUARESCHI 2, 40).
1836 Selen-Äthyl, LÖWIG (POGG. 37, 552; KOPP, „Entwicklung" 697).
1836 Toluol aus Pinus-Harz, bei trockener Destillation, PELLETIER und WALTER A. ch. II, 67, 169); GR. 289[9]).
1837 Amygdalin [erstes Glykosid]; „katalytische" Zerlegung durch Emulsin in Glykose, Benzaldehyd und Blausäure, LIEBIG und WÖHLER (A. 22, 1; GR. 96).
1837 Camphen aus Terpentinöl, DUMAS und OPPERMANN (A. ch. II, 68, 430 [1838]).
1837 Campher analysiert, DUMAS (ebd.).
1837ff. Chlorophyll, BERZELIUS (A. 21, 257, 262; 27, 296 [1838]).

---

[1]) Succin von succinum = Bernstein.
[2]) Den Namen gab erst 1860 BERTHELOT (C. r. 50, 185; GR. 270).
[3]) Dulcit von dulcis = süß.
[4]) Önanthyl von οἶνος (oínos) = Wein und ἄνθος (ánthos) = Blume.
[5]) Pepsin von πέψις (pépsis) = Verdauung.
[6]) Den Namen gab erst 1842 MARIGNAC (A. 41, 107).
[7]) Protein von πρῶτος (prótos) = der Erste, Ursprüngliche (sc. Stoff).
[8]) Rufigallussäure von rufus = rot.
[9]) Toluol: Den Namen gab BERZELIUS in seinem Jahresber. (22, 354), als 1841 DEVILLE die nämliche Substanz aus dem Tolubalsam erhielt (A. ch. III, 3, 168); dieser wieder heißt so nach Tolu nächst Carthagena, wo er zuerst gesammelt wurde.

1837 Glykose aus diabetischem Harn ist identisch mit pflanzlicher, BOUCHARDAT und PÉLIGOT (A. ch. II, 66, 410).
1837ff. Kakodyl und Derivate, BUNSEN (POGG. 40, 219; 42, 145; GR. 72).
1837 „Plasma" = Blutfaserstoff, C. H. SCHULTZE (HUFELANDs Journal 37)[1]).
1837 Pyren und Chrysen aus Teer, LAURENT (A. ch. II, 66, 139; GR. 344)[2]).
1837 Pyrotraubensäure, PELOUZE (A. ch. II, 66, 297).
1837 Terpentinöl-Hydrobromide, DEVILLE (A. ch. II, 67, 45, 54).
1838 Aceton aus Holzgeist: „Mesit-Alkohol", daher aus ihm und konz. Schwefelsäure der Kohlenwasserstoff „Mesitylen", KANE (J. pr. 15, 129; GR. 292).
1838 Aconitsäure aus Citronensäure, rein gewonnen, BERZELIUS (POGG. 47, 310); DAHLSTRÖM (J. pr. 14, 355).
1838 Acrolein beob., BRANDES (A. ph. 15, 129)[3]).
1838 Alloxan, Alloxantin, Dialursäure, Mesoxalsäure, Murexid, Parabansäure[4]), Uramil usf. aus Harnsäure; Reaktionen in zugeschmolzenen Röhren, LIEBIG und WÖHLER (A. 26, 241; GR. 115).
1838 Chinon aus Chinasäure, WOSKRESENSKY (A. 27, 268; GR. 128).
1838 Diphenyl beob., DUMAS (J. pr. 14, 214); PELLETIER (POGG. 44, 81).
1838 Elementaranalyse unter Benutzung von Bleichromat, BERZELIUS (POGG. 44, 391).
1838 Lavendelöl und Pfefferminzöl untersucht, KANE (J. pr. 15, 63; Phil. Mag. 13, 444).
1838 Leinölsäure, PELOUZE und BOUDET (A. ch. II, 69, 43).
1838 Menthen aus Menthol und Phosphorsäureanhydrid, WALTER (C. r. 6, 472).
1838 Mehrbasische organische Säuren; Säuren enthalten durch Metalle ersetzbaren Wasserstoff, LIEBIG (A. 26, 113; GR. 109).
1838 Pfefferminzöl untersucht: erste fraktionierte Destillation eines ätherischen Öles, WALTER (TSCHIRCH 2, 449).
1838 Protein und Derivate enthalten auch Schwefel und Phosphor, MULDER („Physiologische Chemie", Braunschweig 1844ff.; 303ff.).
1838 Salicin als Glykosid erkannt; aus ihm und aus Salicylaldehyd (mittels Alkali) Salicylsäure erhalten, PIRIA (C. r. 6, 388, 620; A. ch. II, 69, 281; GR. 97).
1838 Spezifische Drehung ist mit der Konzentration veränderlich (bei Weinsäure), BIOT (Mém. de l'Acad. 15, 93).
1838 Thein und Coffein sind identisch, JOBST (A. 25, 63); MULDER (POGG. 43, 71).
1838 Trichloressigsäure aus Essigsäure und Chlor, DUMAS (C. r. 7, 444; 8, 609 [1839]; GR. 81).
1839 „Acetyl" = Grundstoff der Essigsäure, LIEBIG (A. 32, 70)[5]).
1839 Amyl-Verbindungen aus Fuselöl, CAHOURS (A. ch. II, 79, 81; GR. 105)[6]).

---
[1]) Plasma von πλάσσω (plásso) = ich bilde, forme.
[2]) Pyren und Chrysen von πῦρ (pýr) = Feuer und χρυσός (chrysós) = Gold.
[3]) Acrolein von acer = scharf und oleum = Öl.
[4]) Parabansäure von παραβαίνω (parabaíno) = ich gehe nebenher.
[5]) Acetyl von acetum = Essig und ὕλη (hýle) = Stoff.
[6]) Amyl von ἄμυλον (ámylon) = Stärke [der vergorenen Getreidekörner].

1839 Brenzcatechin (Pyrocatechin) aus Catechu, REINSCH (Rep. d. Pharm. 68, 55; GR. 289)[1]).
1839 ,,Cellulose", PAYEN (C. r. 8, 51)[2]).
1839 Chlor-Substitution bei Äthern und Estern, MALAGUTI (A. ch. II, 70, 337; GUARESCHI 2, 45).
1839 Fette sind zusammengesetzte Äther, DUMAS und PÉLIGOT (HG. 51).
1839 Fibrin aus Blut, MULDER (J. pr. 16, 133).
1839 Gärungs-Theorie (antivitalistische), LIEBIG (A. 30, 250, 362; GR. 100).
1839 Menthen aus Pfefferminzöl, WALTER (A. 32, 289).
1839 Myronsäure und Myrosin aus Senfsamen, BUSSY (J. ph. 26, 39)[3]).
1839 Nitrobenzoesäure, PLANTAMOUR (A. 30, 349); MULDER (J. pr. 19, 362 [1840]).
1839 Phloridzin als Glykosid erkannt, STAS (A. 30, 192).
1839 Senföl richtig analysiert, LÖWIG (J. pr. 18, 127).
1839 Styrol aus Styrax, SIMON (A. 31, 265)[4]).
1839 Tetrachlormethan, $CCl_4$, aus Chloroform und Chlor, REGNAULT (A. ch. II, 71, 377; GR. 83).
1840 Aconitsäure aus Citronensäure als identisch mit der natürlichen bestätigt, CRASSO (A. 34, 53).
1840 ,,Anilin" aus Indigo, beim Destillieren mit Kali, FRITZSCHE (A. 36, 84; 39, 76 [1841]).
1840 Anthrachinon durch Oxydation von Anthracen, LAURENT (A. ch. II, 72, 422)[5]).
1840 Ätherische Öle rein dargestellt und analysiert, SOUBEYRAN und CAPITAINE (J. ph. 26, 13; A. 34, 317).
1840 Atomgewicht 12 für Kohlenstoff, DUMAS und STAS (C. r. 11, 991; GR. 112).
1840 Borneol richtig analysiert, PELOUZE (C. r. 11, 365)[6]).
1840 Carbonsäuren aus Alkoholen durch Schmelzen mit Natronkalk, DUMAS und STAS (A. 35, 129)[7]).
1840 Carvol und Carven aus Römisch-Kümmelöl, VÖLKEL (A. 35, 308).
1840 Chlor-Acetyl, REGNAULT (A. 33, 312; 34, 27).
1840 Fluoräthyl, REINSCH (J. pr. 19, 314).
1840 Indigo richtig analysiert, DUMAS (GR. 113).
1840 Kupferlösung zum Nachweis der Glykose, TROMMER und MITSCHERLICH (LIPPMANN 1, 316).
1840 Metapektinsäure und Pektinstoffe, FRÉMY (J. ph. 26, 368)[8]).
1840 Myronsäure als Kaliumsalz im Samen des schwarzen Senfs gefunden, BUSSY (J. ph. 26, 39).
1840 Nitrozimtsäure, MITSCHERLICH (J. pr. 22, 192).

---

[1]) Den Namen gab 1840 ZWENGER (A. 37, 327).
[2]) Cellulose von cellula = Zelle.
[3]) Myronsäure von μύρον (mýron) = Salbe, Riechstoff.
[4]) Styrax von στύραξ (stýrax), ursprünglich arabisches Wort = Harzsaft.
[5]) Den Namen gaben, dem des Chinons entsprechend, erst 1869 GRAEBE u. LIEBERMANN (A. Spl. 7, 284).
[6]) Den Namen gab erst GERHARDT (TSCHIRCH 2, 1141).
[7]) Ursprung der ,,Kalischmelze".
[8]) Pektinsäure von πηκτός (pektós) = geronnen.

1840 Oleinsäure, VARRENTRAPP (A. 35, 196).
1840 Orangenöl untersucht, SOUBEYRAN (J. ph. 26, 1).
1840ff. Pepsin näher untersucht, VOGEL (J. pr. 28, 78 [1843]; vgl. DUMAS 6, 370; 8, 789).
1840 Pyrotraubensäure untersucht, BERZELIUS (A. 36, 1).
1840 Salicylsäure in Spiraea ulmaria nachgewiesen, LÖWIG und WEIDMANN (POGG. 46, 83).
1840 Tellur-Äthyl, WÖHLER (A. 35, 11).
1840 Valeriansäure aus Amylalkohol, DUMAS und STAS (A. ch. II, 73, 128; HJ. 161).
1841 „Allotropie", BERZELIUS (Jahr. 20, 13)[1]).
1841 Anisol aus Anissäure, CAHOURS (A. ch. III, 2, 296).
1841 Anthranilsäure (o-Amidobenzoesäure) aus Indigo und Kalilauge, FRITZSCHE (J. pr. 23, 67; GR. 118).
1841 Borneol, durch Oxydation von Campher, PELOUZE (C. r. 11, 21, 365).
1841 Carvon, $C_{10}H_{16}$, aus Kümmelöl; Carvacrol aus Carvon mit Alkali, SCHWEIZER (J. pr. 24, 263).
1841 Cymol und Cuminol aus Kümmelöl, GERHARDT und CAHOURS (A. ch. III, 1, 60, 102, 372).
1841 Globulin (Pflanzen-Casein) aus Pflanzensamen, LIEBIG (A. 39, 128)[2]).
1841 Hefe vergärt Rohrzucker erst nach vorheriger Inversion und enthält eine durch Wasser ausziehbare invertierende Substanz [d. i. Invertin], MITSCHERLICH (LIPPMANN 1, 315).
1841 Isatin aus Indigo und Salpetersäure, LAURENT (C. r. 12, 539; GR. 119); ERDMANN (J. pr. 24, 11).
1841 Kupferlösung zum Nachweis der Glykose, näher beschrieben, TROMMER (A. 39, 360).
1841 Milchsäure-Gärung, FRÉMY und BOUTRON (A. ch. III, 2, 257).
1841 Nitrophenole; Trinitrophenol als identisch mit Pikrinsäure erkannt, LAURENT (A. ch. III, 3, 195).
1841 Nuclein-Kernsubstanz der Blutkörperchen, MAITLAND[3]).
1841 Oxaminsäure aus oxalsaurem Ammonium, BALARD (C. r. 13, 373).
1841 Phenol aus Teer rein abgeschieden und analysiert, LAURENT (A. ch. III, 3, 145; GR. 106).
1841 Phenolsulfosäure, LAURENT (A. ch. III, 3, 203).
1841ff. Physikalisch-chemische Untersuchungen (Siedepunkte, spez. Volumina, u. s. f.), KOPP (A. 40, 173).
1841 Stickstoff-Bestimmung (N in Form von $NH_3$), WILL und VARRENTRAPP (A. 39, 257; GR. 23).
1841 Styrol aus Zimtsäure, GERHARDT und CAHOURS (A. ch. III, 1, 96; GR. 312).
1841 Terebinsäure durch Oxydation des Terpentinöls, BROMEIS (A. 37, 297).

---

[1]) Allotropie: von ἄλλος (állos) = der andere und τρόπος (trópos) = Art.
[2]) Globulin: eine derartige Substanz wurde zuerst aus der Krystallinse des Auges, globulus, gewonnen.
[3]) Nuclein von nucleus = Kern; den Namen gab GERHARDT (GR. 107).

1841 Theobromin aus Kakao, WOSKRESENSKY (A. 41, 125; HJ. 174)[1]).
1841 Toluol aus Tolubalsam, DEVILLE (A. ch. III, 3, 151).
1842 Alkylamine vorausgesagt, LIEBIG (Handwörterbuch 1, 699; GR. 140).
1842 Anethol aus Anisol; Anissäure, CAHOURS (A. 41, 56).
1842 Anilin und $\alpha$-Naphthylamin aus Nitrobenzol und Nitronaphthalin durch Reduktion mit alkoholischem Schwefelammonium, ZININ (A. 44, 283; GR. 118).
1842 Benzol aus Phthalsäure durch Destillation mit Ätzkalk; Phthalsäureanhydrid, MARIGNAC (A. 42, 217).
1842 Benzol aus Teer, LEIGH (HJ. 170).
1842 Brommethyl, BUNSEN (A. 46, 44).
1842 Chinolin aus Chinin und Conchinin mit Kali, GERHARDT (J. pr. 27, 439; 28, 76; GR. 128).
1842 Cumarsäure aus Cumarin, DELALANDE (A. 45, 332; GR. 313).
1842 Phellandren im Bitterfenchel-Öl beob., CAHOURS (TSCHIRCH 2, 901).
1842 Polarimeter zur Bestimmung des Rohrzuckers, BIOT (C. r. 15, 619, 694; 17, 755 [1843]).
1842 Radikale bilden eine Reihe von Methyl bis Cerosyl, SCHIEL (A. 43, 107).
1842 Terpin und Terpineol aus Terpentinöl durch Erhitzen mit Wasser, WEPPEN (A. 41, 294).
1842 Traubensäure ist optisch-inaktiv, MITSCHERLICH (Berl. Akad.).
1842 Trichloressigsäure durch Kalium-Amalgam zu Essigsäure reduziert, MELSENS (C. r. 14, 114; GR. 85).
1843 Acrolein und Acrylsäure aus Glycerin, REDTENBACHER (A. 47, 113; GR. 193).
1843 Buttersäure-Gärung, PELOUZE und GÉLIS (C. r. 16, 1270; GR. 193).
1843 Chinabasen und Alkaloide sind optisch-aktiv, BOUCHARDAT (A. ch. III, 9, 228).
1843 Chloranil (Tetrachlor-Chinon) aus Indigo und Chlor, ERDMANN (A. 48, 309).
1843 Cymol aus Campher und Chlorzink, GERHARDT (A. ch. III, 7, 282).
1843 Farbstoff, roter, bei Oxydation gewisser Anilinöle, HOFMANN (A. 47, 73).
1843 Guajakol untersucht, SOBRERO (A. 48, 19).
1843 „Homologe Reihen" aufgestellt, GERHARDT (Précis de chimie organique; GR. 133).
1843 Hydrochinon aus Chinon (dieses aus Chinasäure), WÖHLER (A. 45, 354; 51, 145 [1844]; GR. 128)[2]).
1843 Indigoweiß aus Indigo und Eisenhydroxyd, DUMAS (A. 48, 257).
1843 Organische Chemie = Chemie der zusammengesetzten Radikale, LIEBIG (Handbuch der organischen Chemie 1).
1843 Phenol aus Salicylsäure beim Destillieren mit Ätzkalk, GERHARDT (A. ch. III, 7, 215).
1843 Salicylsäure-Methylester in Gaultheria procumbens gefunden, CAHOURS (A. ch. III, 10, 327).

---

[1]) Theobromin von $\vartheta\varepsilon\acute{o}\varsigma$ (theós) = Gott und $\beta\varrho\tilde{\omega}\mu\alpha$ (bróma) = Speise; als „Götterspeise" bezeichnete LINNÉ die Schokolade und nannte den Kakaobaum Theobroma cacao.

[2]) Schon bei der trockenen Destillation der Chinasäure beobachtet von PELLETIER und CAVENTOU (HJ. 173).

1843 Schwefelcyanallyl aus Meerrettich, HUBATKA (A. 47, 153).
1843 Stickstoff-Nachweis (N als Cyannatrium), LASSAIGNE (C. r. 16, 387).
1844 „Allylsulfid" aus dem Öl des Knoblauchs, WERTHEIM (A. 51, 289; HJ. 169)[1]).
1844 Amylalkohol als Gärungsprodukt; Amylnitrat, BALARD (A. ch. III, 12, 320; GR. 105).
1844 Benzonitril aus Ammoniumbenzoat; Verseifung zu Benzoesäure, FEHLING (A. 49, 91; GR. 150).
1844 Chrysophansäure aus Rhabarber, SCHLOSSBERGER und DÖPPING (A. 50, 196)[2]).
1844 Cumarin aus Waldmeister, KOSMANN (J. ph. 6, 393).
1844 Gärungs-Theorie, LIEBIG (HJ. 505).
1844 Kieselsäure-Ester, EBELMEN (J. ph. 6, 362; A. ch. III, 16, 144 [1846]).
1844 „Kohlenhydrate" als Sammelname, SCHMIDT (A. 51, 30; GR. 30).
1844 Milchsäure-Gärung, PELOUZE und GÉLIS (A. ch. III, 10, 435).
1844 Monochlor-Essigsäure, LEBLANC (A. ch. III, 10, 212).
1844 Opiansäure und Cotarnin aus Narcotin, WÖHLER (A. 50, 1; GR. 365).
1844 Pankreatin, VALENTIN; BOUCHARDAT und SANDRAS (C. r. 20, 1085).
1844 Propionsäure bei der Kalischmelze von Kohlenhydraten, GOTTLIEB (A. 52, 121; HJ. 163, 164)[3]).
1844 Succinamid, Succinimid, FEHLING (A. 49, 196).
1844 Succinylo-Bernsteinsäureester, FEHLING (A. 49, 186).
1844 Thujon (Tanaceton) aus Thujaöl, SCHWEIZER (A. 52, 398).
1845 Anilide, GERHARDT (J. ph. 8, 53).
1845 Anilin aus Nitrobenzol, mittels Zink und Salzsäure, HOFMANN (A. 55, 200).
1845 Anisaldehyd, CAHOURS (A. ch. III, 14, 484).
1845 Azoxybenzol, ZININ (J. pr. 36, 98).
1845 Benzidin aus Azobenzol, mit Schwefelammonium, ZININ (J. pr. 36, 93; HJ. 434; vgl. GR. 293).
1845 Benzol aus Teer abgeschieden, HOFMANN (A. 55, 200; GR. 344).
1845 Digitalin aus Digitalis-Arten, HOMOLLE (J. ph. 8, 57).
1845 Essigsäure-Synthese, von Schwefelkohlenstoff ausgehend, KOLBE (A. 54, 145; GR. 148).
1845 Furol aus Kleie, beim Destillieren mit Schwefelsäure, FOWNES (Chem. Gazette 83; A. 54, 66).
1845 Glycerin-Phosphorsäure, PELOUZE (C. r. 21, 720; GR. 193).
1845 Halogen-substituierte Aniline, HOFMANN (A. 53, 1; GR. 143).
1845 Nicotin ist optisch-aktiv, LAURENT[1]).
1845 Phosphorsäure-Ester, THÉNARD (C. r. 21, 145); Phosphor-Alkyle aus Phosphorcalcium und Chlormethyl (ebd.).
1845 Piperidin aus Piperin und Natronkalk, ROCHLEDER und WERTHEIM (A. 54, 255).

---

[1]) Allyl von allium = Knoblauch und ὕλη (hýle) = Stoff.
[2]) Chrysophansäure von χρυσός (chrysós) = Gold und φαίνω (phaíno) = ich scheine.
[3]) Propionsäure von πρῶτος (prótos) = der Erste und πίων (píon) = fett; den Namen gab 1848 DUMAS.
[4]) Quellennachweis verlorengegangen.

1845 Salicylsäure aus Salicylaldehyd, PIRIA (C. r. 20, 1631; J. pr. 36, 321).
1845 Stilben (Diphenyläthylen) aus Benzylsulfid, LAURENT (Berz. Jahr. 24, 484)[1]).
1845 Sulfanilsäure, GERHARDT (A. 60, 312 [1846]).
1845 p-Toluidin aus Toluol, HOFMANN und MUSPRATT (A. 54, 1).
1846 Amide-Umsetzung mit salpetriger Säure: Äpfelsäure aus Asparagin, PIRIA (KOPP, „Entwicklung" 677; HJ. 366).
1846 Äther seiner Natur nach richtig erkannt, die Beziehung zu Alkohol klargelegt, LAURENT (A. ch. III, 18, 266).
1846 Birotation der Glykose, DUBRUNFAUT (C. r. 23, 38).
1846 Borsäure-Ester, EBELMEN und BOUQUET (A. ch. III, 17, 55).
1846 Glycerin-Phosphorsäure aus Eigelb, GOBLET (J. ph. 9, 81).
1846 Guanin aus Guano, UNGER (A. 52, 18; 59, 58).
1846 Isobuttersäure aus Johannisbrot, für Buttersäure gehalten, REDTENBACHER (A. 57, 177; HJ. 163).
1846 Nitrocellulose aus Cellulose mit Salpetersäure und konz. Schwefelsäure, SCHÖNBEIN (C. r. 23, 612, 678; GR. 123).
1846 Nitroglycerin durch Nitrieren von Glycerin, SOBRERO (C. r. 24, 247; HJ. 167).
1846 Ölsäure richtig analysiert, GOTTLIEB (A. 57, 38; HJ. 165).
1846ff. Pyridin, Picolin, Lutidin, Collidin: aus Teer und aus Knochenöl, ANDERSON (A. 60, 86; GR. 146)[2]).
1846 Säure-Chloride mittels Phosphorchlorid dargestellt, CAHOURS (A. 60, 254).
1846 Schmelzpunkte von Gemischen liegen tiefer als die der einzelnen Bestandteile, GOTTLIEB (A. 57, 36; GR. 191).
1846 Styphninsäure (= Trinitroresorcin) rein, bei Oxydation von Harzen, ERDMANN (J. pr. 37, 409); WILL und BÖTTGER (A. 58, 269).
1846 Thymol aus Thymianöl, ARPPE (A. 58, 42); DOVERI (A. ch. III, 20, 176 [1847]).
1846 Tyrosin aus Casein und Albumin, LIEBIG (A. 57, 127)[3]).
1846 Valeronitril (aus Leim) und daraus Valeriansäure, SCHLIEPER (A. 59, 1; GR. 150).
1846ff. Verbrennungswärmen organischer Stoffe; calorimetrische Untersuchungen, FAVRE und SILBERMANN (C. r. 23, 200).
1847 Äther zur Narkose verwandt, JACKSON (C. r. 22, 497; GR. 86)[4]).
1847 Brommethyl, PIERRE (A. 56, 146).
1847 Carminsäure aus Cochenille, WARREN DE LA RUE (A. 64, 1).
1847 Chloroform zur Narkose verwandt, SIMPSON (A. 65, 121; GR. 86).
1847 Cyanide (Nitrile) und zugehörige Säuren usf. aus den entsprechenden Alkoholen, KOLBE und FRANKLAND (A. 65, 288; GR. 150).
1847 Cyanmethyl (Acetonitril) aus Ammoniumacetat und Phosphorsäureanhydrid, DUMAS und MALAGUTI (C. r. 25, 383; GR. 151).

---

[1]) Stilben von στίλβω (stílbo) = ich glänze.
[2]) Picolin von pix = Pech; Collidin von κολλάω (kolláo) = ich klebe; Lutidin von lutum = Schmiere, nach Anderen umgebildet aus Toluidin, mit dem es isomer ist.
[3]) Tyrosin von τύρος (týros) = Käse.
[4]) Der amerikanische Arzt LONG soll schon 1842 mit Äther narkotisiert haben (TSCHIRCH C. 1921, 793).

1847 ,,Invertzucker" besteht aus gleichen Teilen Glykose und Fructose, die als linksdrehender Sirup isolierbar ist (durch Fällen mit Kalk in der Kälte), DUBRUNFAUT (A. ch. III, 21, 169; GR. 127).
1847 Kreatin (rein), Kreatinin, Sarkosin, Inosinsäure, LIEBIG (A. 62, 262, 298, 310, 317, 324; GR. 117)[1]).
1847 Maltose aus Stärke durch Diastase, DUBRUNFAUT (A. ch. III, 21, 178; GR. 28).
1847 Terephthalsäure bei der Oxydation des Terpentinöls, CAILLIOT (A. ch. III, 21, 28; HJ. 173).
1848 Alizarin-Glykosid im Krapp, SCHUNCK (A. 66, 175); vgl. ROCHLEDER (J. pr. 55, 385 [1852].
1848 Alkylierte Harnstoffe, WURTZ (C. r. 27, 257; vgl. 32, 414 [1851]).
1848 Amine-Umsetzung zu Alkoholen mittels salpetriger Säure, PIRIA (A. ch. III, 22, 160).
1848 Asymmetrie als Ursache der Rechts- und Links-Drehung der beiden Weinsäuren; Spaltung der Traubensäure in Rechts- und Links-Weinsäure durch Krystallisation, PASTEUR (C. r. 26, 535; 27, 360, 401; GR. 162).
1848 Biuret aus Harnstoff, WIEDEMANN (A. 68, 324)[2]).
1848 Carbonsäuren durch Verseifung der Nitrile, allgemeine Methode, KOLBE (A. 65, 288; HJ. 365).
1848 Chlorpikrin (Nitrochloroform) aus Pikrinsäure, STENHOUSE (A. 66, 241; GR. 380).
1848 Erythrit aus Roccella und anderen Flechten, STENHOUSE (A. 68, 78)[3]).
1848 ,,Ester" als Klassenname, GMELIN, ,,Handbuch der organ. Chemie" (1,182).
1848 Glykolsäure aus Glykokoll und Stickstofftrioxyd, STRECKER (A. 68, 55).
1848 Harnstoff-Bestimmung mit salpetriger Säure, MILLON (C. r. 26, 119).
1848 ,,Ketone" als Klassen-Name, GMELIN (GR. 171)[4]).
1848 Säure-Chloride, aromatische, mit Phosphorchlorid dargestellt, CAHOURS (A. ch. III, 23, 327; GR. 172).
1848 ,,Unitäre Theorie"; ,,Moleküle" neben Atomen, GERHARDT (GR. 134).
1849 Alkylamine aus Cyansäure- und Cyanursäure-Estern mit Kali, WURTZ (C. r. 28, 223, 323; GR. 143).
1849 Alkylierte Aniline, HOFMANN (C. r. 29, 184; GR. 144).
1849 Allantoin im Harn, WÖHLER (A. 70, 229).
1849 Benzol und Toluol aus Teeröl, MANSFIELD (A. 69, 162, 478).
1849 Cerin und Myricin aus Bienenwachs, BRODIE (A. 67, 180; 71, 144)[5]).
1849 Cholin aus Galle, STRECKER (GR. 282; vgl. A. 123, 353 [1862]).
1849 Dimethyl und Homologe, durch Elektrolyse fettsaurer Salze, KOLBE (A. 69, 257); FRANKLAND (A. 71, 171); GR. 155.
1849 Diphenyl beim Erhitzen von Calcium-Benzoat, LAURENT und CHANCEL (Jahr. 1849, 326).
1849 ,,Fehlingsche Lösung", FEHLING (A. 72, 106).

---

[1]) Sarkosin von σάρξ (sarx) = Fleisch; Inosin von ἴς (is, Gen. ἰνός, inós) = Muskel.
[2]) Biuret von bis = zweimal und οὖρον (úron) = Harn; gemeint ist dabei Harnstoff.
[3]) Erythrit von ἐρυθρός (erythrós) = rot [aus rotfärbenden Flechten gewonnen].
[4]) Keton wie Aceton von acetum = Essig [Darstellung aus Calciumacetat!].
[5]) Cerin und Myricin von κερός (kerós) = Wachs und μύρον (mýron) = Salbe.

1849 Gärungs- und Fleisch-Milchsäure [BERZELIUS 1806] sind isomer, ENGELHARDT (A. 65, 359).
1849 Nitroprusside, PLAYFAIR (Phil. Trans. 2, 477).
1849 Phenol aus Anilin-Chlorhydrat und Silbernitrit, HOFMANN (A. 75, 356); HUNT (GR. 141).
1849 Phenyl- und Diphenyl-Harnstoff, CHANCEL (C. r. 28, 293).
1849 Quercit aus Eicheln, BRACONNOT (A. ch. III, 27, 392)[1]).
1849 Terpineol aus ätherischen Ölen, DEVILLE (A. 71, 351).
1849 Xylol aus rohem Holzgeist, CAHOURS (KOPP, „Entwicklung" 698; HJ. 172)[2]).
1849 Zinkmethyl und analoge Verbindungen, auch des Quecksilbers und Zinns, FRANKLAND (A. 71, 171; GR. 155).
1850 Alanin (Aminopropionsäure) aus Aldehyd, Ammoniak und Blausäure; Milchsäure aus Alanin und salpetriger Säure, STRECKER (A. 75, 27; HJ. 166).
1850 Antimon-Alkylverbindungen, LÖWIG und SCHWEIZER (A. 75, 315).
1850 Ätherbildung: richtige Theorie; der Sauerstoff ist mit zwei Radikalen verbunden; Darstellung der gemischten Äther, WILLIAMSON (Phil. Mag. 37, 350; GR. 168); CHANCEL (C. r. 31, 521; HJ. 190).
1850 Hypoxanthin (Sarkin) aus Milz, SCHERER (A. 73, 328); STRECKER, aus Fleisch (A. 102, 204 [1857])[3]).
1850 Inosit aus Muskelfleisch (Mutterlauge des Kreatins), SCHERER (A. 73, 322)[4]).
1850 Kakodyl als Arsen-Dimethyl erkannt, KOLBE (A. 75, 211; 76, 30; GR. 157).
1850 Nitrophenol [erstes], HOFMANN (A. 75, 359; HJ. 231).
1850 Phenol aus Anilin und salpetriger Säure, HOFMANN und HUNT (A. 75, 356; HJ. 171).
1850 Propionsäure aus Äthylcyanid, KOLBE und FRANKLAND (A. 65, 269; HJ. 164).
1850 Reaktions-Geschwindigkeit bei der Rohrzucker-Inversion gemessen, WILHELMY (POGG. 81, 413, 499; GR. 138).
1851 Aldehyde beim Erhitzen fettsaurer mit ameisensauren Salzen, WILLIAMSON (A. 81, 87).
1851 Alkylierte Ammoniumbasen, Tetraäthyl-Ammonium, HOFMANN (A. 78, 257; 79, 11; GR. 145).
1851 Antimon-Trimethyl, LANDOLT (A. 78, 91).
1851 Cyanamid, CLOËZ und CANNIZZARO (C. r. 31, 62).
1851 Jodverbindungen (organische) in Laminaria-Algen, PRICE (J. pr. 55, 232; TSCHIRCH 2, 774).
1851 Kresol im Kuhharn, STÄDELER (A. 77, 18).
1851 „Mehrbasische Radikale"; CO ist äquivalent 2 H, WILLIAMSON (Soc. 4, 350).
1851 Mesaconsäure aus Citronensäure, GOTTLIEB (A. 77, 267).

---

[1]) Quercit von quercus = Eiche.
[2]) Xylol von ξύλον (xýlon) = Holz.
[3]) Hypoxanthin von ὑπό (hypó) = weniger: enthält 1 Atom O weniger als Xanthin.
[4]) Inosit von ἴς (is, Gen. ἰνός, inós) = Muskel.

1851 Naphthylamin-Sulfosäuren aus α-Nitronaphthalin und Ammoniumsulfit, PIRIA (A. 78, 31).
1851 Pyridin aus Tieröl, ANDERSON (A. 80, 54).
1851 Quecksilber-Äthyl, FRANKLAND (A. 77, 224).
1851 Ruberythrinsäure aus Krapp, ROCHLEDER (A. 80, 324)[1]).
1851 Trimethylamin aus Heringslake [für Propylamin gehalten], WERTHEIM (J. pr. 53, 435; GR. 146); aus Chenopodium-Arten, DESSAIGNES (C. r. 33, 358). — HOFMANN (A. 78, 257; GR. 145).
1852 Acetanilid aus Anilin und Chloracetyl, GERHARDT (C. r. 34, 755).
1852 Aldehyde und Ketone verbinden sich mit Bisulfiten, BERTAGNINI (A. 85, 179, 268; KOPP, „Entwicklung" 690).
1852 Anhydride der Benzoesäure, der Essigsäure, und gemischte Anhydride; Chloracetyl, GERHARDT (A. ch. III, 37, 285 [1853]; GR. 173).
1852 Arbutin aus der Bärentraube, als Hydrochinon-Glykosid erkannt, KAVALIER (A. 82, 241).
1852 Campher ist optisch-aktiv, BIOT (A. ch. III, 36, 257, 405).
1852 Chloracetyl und Analoga, aus fettsauren Natriumsalzen und Phosphoroxychlorid, GERHARDT (A. 82, 127; C. r. 34, 755; GR. 173).
1852 Elementaranalyse unter Benutzung von Leuchtgas, SONNENSCHEIN (J. pr. 55, 480).
1852 Erythrit aus Algen, LAMY (A. ch. III, 35, 138).
1852 „Glykoside", GERHARDT, „Traité" (GR. 97; früher „Glykosamide", LAURENT, A. ch. III, 36, 330)[2]).
1852 Ketone und Aldehyde bei der Destillation fettsaurer Calciumsalze für sich oder mit ameisensaurem Calcium, WILLIAMSON (A. 81, 87).
1852 Spaltung racemischer Körper mittels optisch-aktiver Alkaloide, PASTEUR (C. r. 35, 176; GR. 162).
1852 Stearinsäure, Margarinsäure, Palmitinsäure usf., rein dargestellt, HEINTZ (A. 84, 297; POGG. 87, 553).
1852 Tartronsäure aus Weinsäure, DESSAIGNES (A. 82, 364)[3]).
1852 Thermochemische Untersuchungen, neue, FAVRE und SILBERMANN (A. ch. III, 34, 357).
1852 Typentheorie, GERHARDT (A. ch. III, 37, 285 [1853]; GR. 173).
1852 Wismut-Alkyle, BREED (A. 82, 106).
1852 Zinkmethyl und Analoga, genau untersucht, FRANKLAND (Phil. Trans. 467; GR. 157).
1852 Zinn-Alkyle, LÖWIG (A. 84, 308); CAHOURS und RICHE (C. r. 36, 1001 [1853]).
1853ff. Amide „primärer, sekundärer, tertiärer" Art, GERHARDT, CHIOZZA (C. r. 37, 86; A. ch. III, 46, 129 [1856]; GR. 175).
1853 Benzylalkohol neben Benzoesäure, aus Benzaldehyd und alkoholischem Kali; aus Toluol Benzylchlorid, aus diesem Benzylcyanid und Toluylsäure [Übergang vom Kohlenwasserstoff zur Säure], CANNIZZARO (A. 88, 129; GR. 202; HJ. 232).

---

[1]) Ruberythrinsäure von rubeus = rot und ἐρυθρός (erythrós) = rot.
[2]) Glykosid von γλυκύς (glykýs) = süß und εἶδος (eídos) = Art.
[3]) Tartronsäure von tartarus = Weinstein.

1853 Blei-Alkyle, LÖWIG (J. pr. 60, 304).
1853 Cadmium-Alkyle, SCHÜLE (A. 87, 55).
1853 Carvon aus Kümmelöl, VOELCKEL (A. 85, 246).
1853 Cineol (Eucalyptol) aus ätherischen Ölen, VOELCKEL (A. 87, 312).
1853 Curarin, BOUSSINGAULT und ROULIN (A. ch. III, 39, 24)[1]).
1853 Essigsäure ist Methyl-Kohlensäure, KOLBE (LIEBIGS Handw.-Buch 6, 802).
1853ff. Glyceride- und Fette-Synthese; Theorie der mehrwertigen Alkohole, BERTHELOT (C. r. 36, 27; 38, 668 [1854]; GR. 194).
1853 α-Linalool aus Corianderöl, KAWALIER (J. pr. 58, 221).
1853 m-Oxybenzoesäure aus Amidobenzoesäure und salpetriger Säure; Theorie der Oxysäuren, GERLAND (A. 91, 85 [1854]; GR. 205).
1853 Piperazin (Äthylendiamin) beob., aus Bromäthylen und Ammoniak, CLOEZ (Jahr. 1853, 468; HJ. 204).
1853 Piperidin aus Piperin und Kali, CAHOURS (A. ch. III, 38, 76).
1853 Propylalkohol aus Gärungsrückständen, CHANCEL (C. r. 38, 410).
1853 Quecksilber-Alkyle, FRANKLAND (A. 85, 361).
1853 „Racemische" Camphersäure, CHANTARD (C. r. 37, 666; GR. 162).
1853 Salicylsäure aus Phenol und Kohlensäure, KOLBE und LAUTEMANN (A. 113, 125; GR. 210).
1853 Sättigungs-Kapazität (bestimmte) der Atome, an Hand der Metall-Alkyle, FRANKLAND (A. 85, 329; GR. 157; HJ. 216).
1853 Succinylchlorid, GERHARDT und CHIOZZA (A. 87, 293).
1853 Terebentene aus Terpentinöl, BERTHELOT (A. ch. III, 39, 5).
1853 i- (Anti-, Meso-) Weinsäure, aus $d$-Weinsäure beim Kochen mit Kali, PASTEUR (A. 88, 212).
1853 Zinn-Alkyle, FRANKLAND (A. 85, 332).
1854 Anilin aus Nitrobenzol mittels Eisenfeilspänen und Essigsäure, BÉCHAMP (A. ch. III, 42, 401).
1854 Fette-Synthesen, BERTHELOT (A. ch. III, 41, 216).
1854 Kresol aus Teer, WILLIAMSON und FAIRLIE (A. 92, 319; GR. 107).
1854 Nitroglycerin ist Glycerin-Trinitrat, WILLIAMSON (A. 92, 305).
1854 m-Oxybenzoesäure, GERLAND (A. 91, 189).
1854 Phosphorigsäure-Ester, RAILTON (A. 92, 348).
1854 Quecksilber-Alkyle, STRECKER (C. r. 39, 57).
1854 Saponin, reines, aus levantinischer Seifenwurzel, ROCHLEDER und SCHWARZ (Wiener Akad. 11 334).
1854 Taurin-Synthese aus Äthylen, Ammoniak und Schwefelsäure, STRECKER (C. r. 39, 62; HJ. 373).
1854 Tellur-Alkyle, WÖHLER und DEAN (A. 93, 233).
1854 Thio-Essigsäure aus Eisessig und Phosphorpentasulfid [erste Thiosäure], KEKULÉ (A. 90, 311; HJ. 231).
1854 Thymin aus Kalbsthymus, GORUP (A. 89, 114).
1855 Alkohol aus Äthylen und Äthylschwefelsäure, BERTHELOT (A. ch. III, 43, 385).

---

[1]) Curare: einheimischer Name der pflanzlichen Substanz.

1855 Ameisensäure-Synthese aus Kohlenoxyd und Kali, BERTHELOT (C. r. 41, 955; GR. 201).
1855 Äthyl-Butyl und analoge „gemischte Radikale" aus Jodalkylen und Natrium, WURTZ (A. ch. III, 44, 276; GR. 200).
1855 Chloracetyl aus Essigsäure und Phosphortrichlorid, BÉCHAMP (J. pr. 65, 495; 68, 489 [1856]).
1855 Cocain isoliert, GÄDCKE (A. ph. 121, 141)[1]).
1855 Hippursäure aus Glykokoll und Chlorbenzoyl, DESSAIGNES (C. r. 37, 25; GR. 200).
1855 Indican (Indoxyl-Glykosid) aus Indigo, SCHUNCK (Phil. Mag. IV, 10, 73).
1855 Isopropylalkohol aus Propylen; für Propylalkohol gehalten, BERTHELOT (A. ch. III, 43, 399).
1855 (Iso-) Leucin aus Valeraldehyd, LIMPRICHT (A. 94, 243; GR. 203).
1855 Phloroglucin aus Phloretin und Kali, HLASIWETZ (A. 96, 120).
1855 Selen-Alkyle, WÖHLER und DEAN (A. 97, 6).
1855 Senföl aus Jodallyl und Rhodankalium, BERTHELOT und DE LUCA; ZININ (A. 95, 128; GR. 203).
1855 Zink-Alkyle, FRANKLAND (A. 95, 39).
1856 Aldehyde aus Calciumsalzen beim Destillieren mit ameisensaurem Calcium, PIRIA (A. ch. III, 48, 113); LIMPRICHT und RITTER (A. 97, 368).
1856 „Einatomige, zweiatomige ... polyatomige Alkohole", BERTHELOT (C. r. 42, 1111; GR. 196).
1856 Galaktose aus Milchzucker, PASTEUR (C. r. 42, 347)[2]).
1856 Glykol[3]) aus Jodäthylen; Glykolsäure, WURTZ (C. r. 43, 199; GR. 196); Glykolsäure aus Monochloressigsäure und Wasser, KEKULÉ (A. 105, 286; HJ. 229).
1856ff. Glyoxal und Glyoxylsäure aus Alkohol und Salpetersäure, DEBUS (A. 100, 1; 102, 20 [1857]; GR. 198).
1856 Mauvein[4]), durch Oxydation toluidinhaltigen Anilins [erster Anilinfarbstoff], PERKIN (Jahr. 1859, 756; GR. 214).
1856 Methan beim Leiten von Schwefelkohlenstoff und Schwefelwasserstoff über glühendes Kupfer, BERTHELOT (C. r. 43, 236; GR. 201).
1856 Valin (Amino-Isovaleriansäure) aus Ochsenpankreas, GORUP (A. 98, 15).
1856 Zimtaldehyd aus Benzaldehyd und Aldehyd mit Salzsäure, CHIOZZA (A. 97, 350; GR. 209).
1856 Zimtsäure aus Benzaldehyd und Chloracetyl, BERTAGNINI (A. 100, 125; GR. 209).
1857 Acetophenon, FRIEDEL (C. r 45, 1014).
1857 Allylalkohol, Jodallyl, CAHOURS und HOFMANN (A. 102, 285; HJ. 285).
1857 Gärungs-Theorie (vitalistische), PASTEUR (C. r. 45, 1032; GR. 219).
1857 „Gemischte Typen"; Kohlenstoff ist „vieratomig, vierbasisch", KEKULÉ (A. 104, 129; HJ. 206).
1857 Glycerin-Synthese vom Propylen aus, WURTZ (A. ch. III, 51, 94).

[1]) Coca: einheimischer Name der pflanzlichen Substanz.
[2]) Galaktose von γάλα (gála) = Milch.
[3]) Glykol: aus Glyc[erin] und [Alkoh]ol, weil inmitten beider stehend.
[4]) Mauvein vom französischen mauve = malvenrot.

1857 Glykogen aus Leber, BERNARD (C. r. 44, 578)[1]).
1857 Methylalkohol aus Chlormethyl durch Verseifung, BERTHELOT (C. r. 45, 916; GR. 202).
1857 Nitroform, Trinitro-Methan, SCHISCHKOW (A. 101, 216).
1857 Nitrophenole, zwei isomere, bei Oxydation des Phenols, FRITZSCHE (A. 110, 150; GR. 211).
1858 Phosphine und Phosphonium-Verbindungen, HOFMANN und CAHOURS (A. 104, 1).
1857 Piperidin und Piperinsäure aus Piperin, BABO und KELLER (J. pr. 72, 53; GR. 365).
1858 Äthylendiamin, Di- und Tri-Äthylen-Diamin, Polyamine, HOFMANN (C. r. 46, 255; HJ. 205).
1858 „Äthyliden", LIEBEN (C. r. 46, 662; GR. 246)[2]).
1858 Atomverkettungs-Theorie; Formeln mit Bindestrichen, KEKULÉ (A. 106, 129); COUPER (C. r. 46, 1157); GR. 182, 184.
1858 Crotonsäure aus Crotonöl, SCHLIPPE (A. 105, 21).
1858ff. Diazo-Verbindungen, aromatische, GRIESS (A. 106, 123; 113, 201 [1860]; GR. 211).
1858ff. Essigsäure, Propionsäure usf. aus Natriumalkylen und Kohlensäure, WANKLYN (C. r. 47, 417; GR. 188).
1858 Glycerin und Bernsteinsäure als Gärungsprodukte, PASTEUR (C. r. 46, 857).
1858 Glycerinsäure aus Glycerin, SOKOLOFF (A. 106, 95); DEBUS (Phil. Mag. 15, 196).
1858 Glykokoll[3]) aus Bromessigsäure und Ammoniak, PERKIN und DUPPA (A. 108, 112; GR. 203).
1858 Glyoxalin (Imidazol) aus Glyoxal und Ammoniak, DEBUS (A. 107, 204).
1858 Kalium-Äthyl, Natrium-Äthyl, nicht rein, WANKLYN (A. 107, 125; 108, 67).
1858 Malonsäure[4]) durch Oxydation von Äpfelsäure; Tartronsäure aus Nitroweinsäure, DESSAIGNES (A. 107, 251; HJ. 230).
1858 Milchsäure ist Oxy-Propionsäure, KOLBE (A. 109, 257).
1858 Phenylsenföl aus Sulfocarbanilid, HOFMANN (C. r. 47, 423).
1858 Spaltung racemischer Körper durch Vergärung, PASTEUR (C. r. 46, 615; GR. 164).
1858 Stärke, Bildung und Eigenschaften, NÄGELI („Die Stärkekörner", Zürich 1858).
1858 „Vanillin" aus Vanilleschoten, GOBLEY (Jahr. 1858, 534; GR. 373).
1858 Xanthin und Xanthinstoffe in Harn, Leber, Gehirn ..., SCHERER (A. 107, 314); STRECKER (A. 108, 151).
1859 Aluminium-Alkyle, HALLWACHS (A. 109, 207).
1859 Asymmetrie organischer Verbindungen; schraubenförmige und tetraedrische Anordnung der Atome, PASTEUR (GR. 165; HJ. 335).
1859 Äthylenoxyd aus Glykolchlorhydrin und Kali, WURTZ (C. r. 48, 101; GR. 197).

---

[1]) Glykogen von γλυκύς (glykýs) = süß und γεννάω (gennáo) = ich erzeuge.
[2]) Äthyliden von Äthylen und εἶδος (eídos) = Aussehen, Art.
[3]) Glykokoll von γλυκύς (glykýs) = süß und κόλλα (kólla) = Leim.
[4]) Malonsäure von malum = Apfel.

1859 Blei-Alkyle, BUCKTON (A. 109, 222; 112, 226).
1859 Casein der Milch, einheitlich, HOPPE-SEYLER (VIRCHOWs Archiv 17, 417).
1859 ,,Fuchsin" aus toluidinhaltigem Anilin mit Chlorzinn, VERGUIN (DINGLERS polyt. Journ. 154 235, 397; GR. 215)[1]).
1859 Glykolsäure aus Glykol, WURTZ (A. ch. III, 55, 400; GR. 197).
1859 Graphische Formeln der Atomverkettung, KEKULÉ (,,Lehrbuch"; GR. 234, 236).
1859 Milchsäure aus Propylalkohol, WURTZ (A. ch. III, 55, 400; GR. 197.)
1859 ,,Organische Chemie" = ,,Chemie der Kohlenstoff-Verbindungen", KEKULÉ (,,Lehrbuch"; HJ. 31).
1859 Sekundäre und tertiäre Alkohole vorausgesagt, KOLBE (A. 113, 293, 307; HJ. 218).
1860ff. Acetylen und Derivate, BERTHELOT (C. r. 50, 805).
1860 Aluminium-Alkyle, CAHOURS (A. 114, 227, 354).
1860 Äpfelsäure und Weinsäure aus Mono- und Dibrom-Bernsteinsäure, KEKULÉ (Z. Ch. 3, 643); PERKIN und DUPPA (ebd. 3, 596; GR. 208).
1860 ,,Aromatische und Fett-Körper", KEKULÉ (GR. 209); ,,aliphatische Verbindungen", HOFMANN (HJ. 286)[2]).
1860 Bernsteinsäure aus Äpfelsäure und aus Weinsäure mit Jodwasserstoff, SCHMITT (A. 114, 106; GR. 208).
1860 Bernsteinsäure aus Bromäthylen, SIMPSON (A. 118, 373; GR. 203).
1860 Cocain rein gewonnen, NIEMANN (Dissert., Göttingen)[3]).
1860 ,,Einwertige, zweiwertige, ... mehrwertige" Atome usw., ERLENMEYER (Z. Ch. 3, 540; GR. 181).
1860 Eiweiß (pflanzliches) krystallisiert erhalten, COHN (J. pr. 80, 129).
1860 Invertin aus Hefe, BERTHELOT (C. r. 50, 980; GR. 223)[4]).
1860 Kohlenwasserstoffe aus Kautschuk, bei trockener Destillation, CLOËZ und GIRARD (C. r. 50, 874).
1860 Mannit als sechsatomigen Alkohol erkannt, BERTHELOT (,,Chim. organ."; GR. 198).
1860 Milchsäure ist einbasisch, aber zweiatomig, WURTZ (A. ch. II, 59, 161).
1860 ,,Phenole" als besondere Körperklasse, BERTHELOT (,,Chim. organ."; GR. 297).
1860 Propionsäure aus Milchsäure und Jodwasserstoff, LAUTEMANN (A. 113, 217; GR. 208).
1860 Pyrrol aus schleimsaurem Ammonium, bei trockener Destillation, SCHWANERT (A. 116, 270).
1861 Aldehydgrün aus Fuchsin und Aldehyd, CHERPIN (GR. 215).
1861 Anilinblau und Anilinviolett aus Fuchsin und Anilin, GIRARD und DE LAIRE (GR. 215).

---

[1]) Fuchsin: nach der roten Farbe der Fuchsia, die selbst nach dem berühmten Botaniker und Arzt FUCHS heißt (1501—1566).
[2]) Aliphatisch von ἀλείφαρ (aleíphar) = Fett.
[3]) Erwähnt gegen 1582 in CIEZAS ,,Commentarius de rebus peruanicis" (TSCHIRCH 1, 781), und aufs neue von HUMBOLDT, der die Pflanze in Südamerika kennen lernte; die medizinische Anwendung empfahl zuerst der Augenarzt KOLLER in Wien um 1884.
[4]) Den Namen gab erst 1875 DONATH (B. 8, 795): Inversion = Umkehrung (der Drehungsrichtung).

1861 Anilingelb (Amidoazobenzol) aus Anilin und salpetriger Säure [erster Azofarbstoff], MÈNE (C. r. 52, 311; s. KEKULÉ, B. 3, 233 [1870]; GR. 295).
1861 Asparagin ist Amid der Amidobernsteinsäure, KOLBE (A. 121, 232).
1861 Benzylamin, MENDIUS (A. 121, 144).
1861 Bernsteinsäure-Nitril aus Bromäthylen und Cyankalium, SIMPSON (A. 118, 374).
1861 Caffein aus Theobromin-Silber und Jodmethyl, STRECKER (A. 118, 170).
1861 Fumarsäure und Maleinsäure zu Bernsteinsäure reduziert, KEKULÉ (A. Spl. 1, 129; 2, 85 [1862]; GR. 265).
1861 Guanidin bei Oxydation des Guanins, STRECKER (A. 118, 159; GR. 281).
1861 Hydantoin aus Allantoin und Jodwasserstoff, BAEYER (A. 117, 178)[1]).
1861 Isopren aus Kautschuk, WILLIAMS (J. pr. 83, 188).
1861 Ketone aus Zinkdialkylen und Chlorschwefel, FREUND (A. 118, 1).
1861 Konstitutionsformeln, über 350, bei LOSCHMIDT („Chemische Studien", Wien 1861); GR. 236.
1861 Mannose (Mannitose), nicht rein, durch Oxydation von Mannit, GORUP (A. 118, 257; GR. 253).
1861 „Menthol" näher untersucht, OPPENHEIM (TSCHIRCH 2, 949).
1861 Methylenitan aus Dioxy-Methylen und Alkali, BUTLEROW (C. r. 53, 145; GR. 254).
1861 Naphthazarin (Dioxy-Naphthochinon) aus Dinitro-Naphthalin beob., ROUSSIN (C. r. 52, 1033, 1177).
1861 Protocatechusäure aus Piperinsäure und Kali, STRECKER (A. 118, 280; GR. 366)[2]).
1861 Rosolsäure aus Phenol mit Oxalsäure und Schwefelsäure, KOLBE und SCHMIDT (A. 119, 169; HJ. 235).
1861 Schwefelbestimmung durch Verbrennung mit Bleichromat, CARIUS, (116, 28).
1861 „Struktur", „Strukturformeln", BUTLEROW (Z. Ch. 4, 459; GR. 233).
1861 Tetranitro-Methan, SCHISCHKOW (A. 119, 248).
1861 Zink-Alkyle, PEBAL (A. 118, 22; 121, 105 [1862]).
1862 Acetylen durch Vereinigung von Kohlenstoff und Wasserstoff im elektrischen Bogen, BERTHELOT (C. r. 54, 620; GR. 270).
1862 „Aldehyd-Alkohole", „Aldehyd-Säuren", „Alkohol-Säuren" ..., BERTHELOT (GR. 208).
1862 Alkohole aus Aldehyden durch Reduktion mit nascierendem Wasserstoff, WURTZ (C. r. 54, 914).
1862 Amine durch Reduktion der Nitrile, MENDIUS (A. 121, 128).
1862 Anthracen näher untersucht, ANDERSON (A. 122, 292; GR. 333).
1862 Bor-Trimethyl, FRANKLAND (A. 124, 129).
1862 Calciumcarbid aus Zink-Calcium und Kohle; daraus mit Wasser Acetylen, WÖHLER (A. 124, 220; GR. 270)[3]).

---

[1]) Hydantoin: aus Hyd [rogen] und [All] antoin.
[2]) Protocatechusäure von πρῶτος (prótos) = der Erste und Catechu, einheimischer Name.
[3]) Calciumcarbid (unreines) sollen schon 1840 HARE und 1859 DEVILLE und DEBRAY beobachtet haben.

1862 Cholesterin aus Pflanzen, BENEKE (A. 122, 249; 127, 105 [1863]).
1862 Cholin aus Galle, STRECKER (A. 123, 353).
1862 Chrysanilin, HOFMANN (C. r. 55, 817).
1862 Diazoamidobenzol, GRIESS (A. 121, 258).
1862 Dibenzoyl, CANNIZZARO und ROSSI (A. 121, 250).
1862 Diphenyl aus Brombenzol mittels Natrium, FITTIG (A. 121, 363).
1862 Esterbildung mittels kleiner Mengen Säure; Messung des zeitlichen Verlaufes; ,,umkehrbare Reaktionen", BERTHELOT und PÉAN ST.-GILLES (A. ch. III, 65, 385; 66, 5; 68, 225 [1863]; GR. 274).
1862 ff. Hämoglobin, krystallisiertes; Verbindungen mit Sauerstoff und Kohlenoxyd, HOPPE-SEYLER (VIRCHOWS Archiv 23, 446).
1862 Isopropylalkohol aus Aceton, FRIEDEL (C. r. 55, 53); als erster sekundärer Alkohol erkannt, KOLBE (Z. Ch. 5, 687; GR. 244).
1862 Mannit aus Invertzucker durch Reduktion mit Natriumamalgam, LINNEMANN (A. 123, 136; GR. 253).
1862 Milchsäuren-Synthese aus Glykolchlorhydrin sowie aus Aldehyd und Blausäure, WISLICENUS (A. 128, 1; GR. 245; HJ. 366).
1862 $\alpha$- und $\beta$-Naphthoesäure, MERZ (Z. Ch. 4, 33, 396; 5, 70 [1863].
1862 ,,Rosanilin" und Leukanilin aus Fuchsin, HOFMANN (C. r. 54, 428; Soc. 12, 2; GR. 215).
1862 Rosolsäure aus Phenol, KOLBE und SCHMIDT (A. 119, 169); PERSOZ (franz. Patent).
1862 Sarkosin-Synthese aus Chloressigsäure und Methylamin, VOLHARD (A. 123, 261; GR. 189, 281).
1862 Taurin aus Isäthionsäure, KOLBE (A. 122, 33; GR. 281).
1862 Tricarballylsäure aus Citronensäure, DESSAIGNES (A. Spl. 2, 188).
1862 Überchlorsäure-Ester, ROSCOE (A. 124, 124).
1863 ff. Anilinblau = Triphenylrosanilin; Anilinrot entsteht nur aus toluidinhaltigem Anilin, HOFMANN (C. r. 56, 945, 1033, 1062; GR. 216).
1863 Anilinschwarz aus Anilinchlorhydrat, Kupferchlorid und Kaliumchlorat, LIGHTFOOT (GR. 218).
1863 ff. Barbitursäure[1]), Pseudoharnsäure, Harnsäure-Derivate, BAEYER (A. 121, 199; 130, 129; 131, 291 [1864]; GR. 279).
1863 Benzaldehyd aus Benzalchlorid und Alkali, CAHOURS (A. Spl. 2, 253; GR. 373).
1863 Crotonsäure aus Cyanallyl, WILL und KÖRNER (A. 125, 273; GR. 268).
1863 Glykose als Aldehyd-Alkohol erkannt, BERTHELOT (GR. 253).
1863 Hydrazobenzol aus Azobenzol; Umlagerung in das isomere Benzidin, HOFMANN (Jahr. 1863, 424; GR. 293).
1863 Induline aus Amidoazobenzol und Anilin-Chlorhydrat, CARO und DALE (s. FEHLINGS ,,Handwörterbuch d. Chemie" 3, 789 ff.; Braunschweig 1878).
1863 Isobuttersäure und Analoga vorausgesagt, KOLBE (Z. Ch. 7, 30; HJ. 270).
1863 Jodviolett (HOFMANNS Violett) aus Rosanilin und Alkyljodiden, HOFMANN (C. r. 54, 428; GR. 216).

---

[1]) Die Etymologie ist nicht aufgeklärt.

1863ff. Lichtbrechungs-Vermögen organischer Stoffe, GLADSTONE und DALE (Soc. 2, 1; HJ. 512).
1863 p-Oxybenzoesäure, SAYTZEW (A. 127, 145); FISCHER (A. 127, 129).
1863ff. Silicium-Tetramethylat und -Alkyle, FRIEDEL und CRAFTS (C. r. 56, 590); vgl. FRIEDEL und LADENBURG (A. 147, 363 [1868]).
1863 Silicium- und Kohlenstoff-Verbindungen als Analoga, WÖHLER (A. 127, 131, 268; HJ. 404).
1864 Alkohole aus Aldehyden durch Reduktion mit nascierendem Wasserstoff, WURTZ (A. ch. IV, 2, 438).
1864 Äthylwasserstoff und Dimethyl sind identisch, SCHORLEMMER (A. 131, 76; 132, 134; GR. 239).
1864 Cocain näher untersucht, LOSSEN (A. 123, 351).
1864 Diphenylamin aus Anilinblau bei 300°, HOFMANN (A. 132, 163; GR. 216).
1864 Malonsäure aus Cyanessigsäure, KOLBE und MÜLLER (A. 131, 348; HJ. 286).
1864 Primäre, sekundäre und tertiäre Alkohole, KOLBE (A. 132, 102).
1864 Resorcin aus Galbanumharz bei der Kalischmelze, HLASIWETZ und BARTH (A. 130, 354; GR. 288)[1]).
1864 Sulfin-Verbindungen aus Alkyl-Jodiden, -Sulfiden usf.; Sulfone, OEFELE (A. 132, 82; HJ. 403).
1864 Toluol und Homologe aus Halogen-Benzolen, Alkyljodiden und Natrium, FITTIG und TOLLENS (A. 129, 369; 131, 303; GR. 289).
1864 Trimethyl-Carbinol aus Chloracetyl und Zinkmethyl; erster tertiärer Alkohol, BUTLEROW (Z. Ch. 7, 385; GR. 247).
1864 Zink-Alkyle, FRANKLAND und DUPPA (A. 130, 118).
1865 Acetessigester, GEUTHER (Abh. Göttinger Akad. 281; GR. 258).
1865 Benzoltheorie, Sechseck-Formel; ,,geschlossene und Seitenketten''; Problem der ,,Ortsbestimmung''; Terephthalsäure aus Dimethyl-Benzol, KEKULÉ (Bl. II, 3, 98; A. 137, 129 [1866]; GR. 289, 298; HJ. 297).
1865 ,,Carboxyl'' für die Gruppe COOH, BAEYER (A. 135, 307; GR. 299).
1865 Colchicin aus Herbstzeitlose, Colchicum, HÜBLER (A. ph. 171, 193).
1865 ,,Doppelte und dreifache Bindung'' in Äthylen und Acetylen, WILBRAND (Z. Ch. 8, 683; HJ. 262).
1865 Halogen-Bestimmung durch Oxydation mit konz. Salpetersäure im Einschlußrohr, CARIUS (A. 136, 129).
1865 Isobuttersäure, ERLENMEYER (Z. Ch. 8, 651).
1865 ,,Methan, Äthan, Propan'' ... und analoge Namen, HOFMANN (Z. Ch. 9, 161; GR. 243).
1865 Serin aus Seidenleim, CRAMER (J. pr. 96, 93)[2]).
1866 Aldehyd-Reaktion mit durch Schwefligsäure entfärbter Fuchsinlösung, SCHIFF (A. 140, 131).
1866 Anthracen aus Benzylchlorid und Wasser bei 190°, LIMPRICHT (A. 139, 307; GR. 334).
1866ff. Benzol aus Acetylen bei Rotglut; pyrogene Synthesen: Naphthalin, Anthracen, Acenaphthen, Styrol usf., BERTHELOT (C. r. 63, 479; GR. 271, 292; 341).

---
[1]) Resorcin von resina = Harz und Orcin (dem ähnlich es sich erwies).
[2]) Serin von sericum = Seide.

1866 Benzylchlorid aus heißem Toluol und Chlor, BEILSTEIN (A. 139, 331; GR. 298).
1866 Diazogruppe = N · N = formuliert, KEKULÉ (GR. 294).
1866 Glutaminsäure aus Proteinen, RITTHAUSEN (J. pr. 99, 454)[1]).
1866 Indol aus Oxindol durch Reduktion (Destillation) mit Zinkstaub, BAEYER (A. 140, 295; GR. 320).
1866 Isobuttersäure aus Isopropyljodid, MARKOWNIKOW (A. 138, 361; GR. 247).
1866ff. Isonitrile (Carbylamine) aus Jodalkylen und Silbercyanid, GAUTIER (C. r. 63, 920; 65, 90 [1867]); aus primären Aminen, Chloroform und Alkali, HOFMANN (A. 144, 14 [1867]; 146, 107 [1868]; GR. 266).
1866 Mesitylen (aus Aceton gewonnen) als Trimethyl-Benzol erkannt, FITTIG (Z. Ch. 9, 518; GR. 292).
1866 Naphthalin-Strukturformel aufgestellt, ERLENMEYER (A.137, 346; HJ. 321).
1866 Oxindol und Dioxindol aus Indol und Isatin, BAEYER und KNOP (A. 140, 1; GR. 320).
1866 Resorcin aus Benzol, KÖRNER (C. r. 63, 564).
1866 Rosolsäure aus Rosanilinsalzen, CARO und WANKLYN (Z. Ch. 9, 511; GR. 355).
1866ff. Thermochemische Untersuchungen organischer Stoffe, THOMSEN (POGG. 88, 349; HJ. 511).
1866 Tropasäure aus Hyoscyamin und Barytwasser, LOSSEN (A. 138, 233).
1867 Acenaphthen und Fluoren aus Teer, BERTHELOT (C. r. 65, 507; A. ch. IV, 12, 222; GR. 342).
1867 Albumosen und Peptone aus Eiweißstoffen durch Trypsin, KÜHNE (VIRCHOWs Archiv 39, 130)[2]).
1867 Anilin aus Benzol und Ammoniak bei Rotglut, BERTHELOT (A. ch. IV, 12, 91).
1867 Arabinose aus Arabinsäure; für eine Hexose gehalten, SCHEIBLER (B. 1, 58, 108 [1868]; HJ. 381).
1867 Chinon-Formel, GRAEBE (Z. Ch. 10, 39; GR. 326).
1867 Cholin aus Äthylenoxyd und Trimethylamin, WURTZ (C. r. 65, 1015; GR. 282).
1867 2-4-Dinitro-Naphthalin (Martiusgelb) aus α-Naphthylamin, MARTIUS (J. pr. 102, 442).
1867 Gärungs- und Fleisch-Milchsäure haben die nämliche Struktur, ERLENMEYER (HJ. 337).
1867 Geraniol beob., BAUR (TSCHIRCH 2, 791).
1867 Isophthalsäure aus m-Xylol, FITTIG und VELGUTH (A. 148, 11; HJ. 307).
1867 Kaffeesäure aus Kaffeegerbsäure und Alkali, HLASIWETZ (A. 142, 221, 354).
1867 Kohlenoxysulfid aus Schwefelquellen, THAN (A. Supl. 5, 236).
1867 α-Naphthol aus diazotiertem α-Naphthylamin, GRIESS (J. pr. 101, 90).
1867 „o-, p-, m-" für die Biderivate des Benzols, KÖRNER (GR. 299).
1867 Phenol aus Benzolsulfonsäure bei der Kalischmelze, WURTZ (A. 144, 121).
1867 Phenylenbraun (Bismarckbraun; Azofarbstoff) aus m-Phenylendiamin und Natriumnitrit, CARO und GRIESS (Z. Ch. 10, 278).

---

[1]) Glutamin von gluten = Kleber.
[2]) Trypsin von θρύπτω (thrýpto) = ich zerbreche, zerlege.

1867 Tetraedrische Modelle; Kohlenstoff als Tetraeder, KEKULÉ (Z. Ch. 10, 217; GR. 238; HJ. 337).
1868 Adipinsäure aus Jod-Propionsäure und „molekularem Silber", WISLICENUS (Z. Ch. 11, 680; GR. 251).
1868 Anthrachinon und aus dessen Dibromderivat Alizarin; erste Synthese eines natürlichen Pflanzenfarbstoffes, GRAEBE und LIEBERMANN (A. Spl. 7, 257 [1869]; GR. 334ff.).
1868 Alizarin aus Anthrachinon-Sulfosäure, CARO, GRAEBE und LIEBERMANN; PERKIN (GR. 336; vgl. CARO, B. 25, Ref. 1006, 1042 [1892]).
1868 Cumarin beim Acetylieren von Salicylaldehyd-Natrium, PERKIN (Soc. II, 6, 58; GR. 313).
1868 Dampfdichte-Bestimmung in der Barometer-Leere, HOFMANN (B. 1, 198).
1868 Dihydro-Naphthalin, BERTHELOT (Bl. II, 9, 287); Tetrahydro-Naphthalin, BAEYER (B. 1, 128; A. 155, 276 [1870]).
1868 Farbe und Konstitution: Zusammenhänge, GRAEBE (B. 1, 106; GR. 340).
1868 Guanidin aus Chlorpikrin, HOFMANN (B. 1, 145).
1868 n-Hexan aus Mannit mit Jodwasserstoff, SCHORLEMMER (A. 147, 220; GR. 250).
1868ff. Hydroaromatische Verbindungen, GRAEBE (A. 142, 330; 146, 66; GR. 317); BAEYER (B. 1, 119; GR. 318); BERTHELOT, mittels Jodwasserstoff (GR. 318).
1868 Kreatin aus Sarkosin und Cyanamid, VOLHARD (Jahr. 1868, 685; GR. 281).
1868 Lecithin aus Gehirnsubstanz, STRECKER (A. 148, 77)[1].
1868 Magdalarot (Naphthalinrot), SCHIENDL (vgl. HOFMANN, B. 2, 375, 412 [1869]).
1868 Naphthalin-Formel bewiesen; Naphthochinon und Derivate, GRAEBE (Z. Ch. 11, 114; A. 149, 1 [1869]; GR. 329).
1868 Oxalsäure aus Kohlensäure und Natrium, DRECHSEL (Z. Ch. 11, 120).
1868 Picolin und Collidin aus Aldehyd- und Acrolein-Ammoniak, BAEYER (A. 145, 283).
1868 Senföle-Synthese, HOFMANN (B. 1, 26, 169).
1868 Terephthalsäure ist p-Verbindung 1-4, GRAEBE (A. 149, 26; HJ. 308).
1868 Tolan (Diphenyl-Acetylen) aus Dibrom-Stilben, LIMPRICHT und SCHWANERT (A. 145, 347).
1868 o-Toluidin isoliert, ROSENSTIEHL (Z. Ch. 11, 557; 12, 190 [1869]).
1868 Weinsäure aus Glyoxal und Blausäure, STRECKER (Z. Ch. 11, 216; GR. 248).
1869 Amide der Carbonsäuren aus Nitrilen mit Wasser bei 180°, ENGLER (A. 149, 305).
1869 Betain[2]) aus Melasse, SCHEIBLER (B. 2, 292); Synthese aus Trimethylamin und Chloressigsäure, LIEBREICH (B. 2, 13, 167; HJ. 373).
1869 n-Butylalkohol aus Buttersäure, LIEBEN und ROSSI (C. r. 68, 1561; GR. 248).
1869 Carbonsäuren (aromatische) bei der Schmelze von Sulfosäuren mit Formiaten; Salicylsäure ist eine o-Verbindung, V. MEYER (B. 2, 141; GR. 300).

---

[1]) Lecithin von λέκιθος (lékithos) = Eidotter.
[2]) Betain von beta = Rübe.

1869 Chinazolin-Derivate, GRIESS (B. 2, 415; vgl. 11, 1987 [1878]).
1869 ,,Chloralhydrat", PERSONNE (C. r. 69, 1363); als Schlafmittel: LIEBREICH (B. 2, 269; GR. 378).
1869 Diphenyl-Quecksilber, DREHER und OTTO (A. 154, 93).
1869 Formaldehyd aus Methylalkohol an glühender Platinspirale, HOFMANN (B. 2, 152; GR. 254).
1869 Fuchsin aus Anilinöl mit Nitrobenzol und Eisenfeile, COUPIER (Jahr. 1869, 1162).
1869 Gleichwertigkeit der sechs H-Atome im Benzol, LADENBURG (B. 2, 140; HJ. 313).
1869 Indol aus Nitrozimtsäure, BAEYER und EMMERLING (B. 2, 679; GR. 320).
1869 Lävulinsäure ($\beta$-Acetopropionsäure), NÖLDECKE (A. 149, 224)[1]).
1869 Milchsäuren-Isomerie ist durch räumliche Anordnung der Atome bedingt, WISLICENUS (HJ. 337).
1869 Piperonal (Heliotropin)[2]) durch Oxydation der Piperinsäure, FITTIG und MIELEK (A. 152, 35).
1869ff. Pyridin und Chinolin, Konstitutionsformeln, KÖRNER; DEWAR (Z. Ch. 14, 116 [1871]; GR. 368).
1869ff. Thermochemische Untersuchungen; ,,endo- und exothermische Reaktionen", BERTHELOT (HJ. 511).
1869 Thioharnstoff aus Ammonium-Rhodanid, REYNOLDS (A. 150, 224).
1870 Acetochlor-Glykose aus Glykose und Chloracetyl, COLLEY (C. r. 70, 401; GR. 253).
1870 Acridin aus Teer, GRAEBE und CARO (B. 3, 746; GR. 345)[3]).
1870ff. Anthrapurpurin und Flavopurpurin aus den Anthrachinon-Disulfosäuren durch Alkali-Schmelze, PERKIN (Soc. 23, 143).
1870 Elementar-Analyse im offenen Rohr, GLASER (A. Spl. 7, 215).
1870 Formaldehyd entsteht in der Pflanze durch Reduktion der Kohlensäure und kondensiert sich zu Monosen, BAEYER (B. 3, 66; GR. 254).
1870 Furan aus Brenzschleimsäure, LIMPRICHT und ROHDE (B. 3, 90; GR. 322).
1870 Glykonsäure bei der Oxydation der Glykose mit Chlor, HLASIWETZ und HABERMANN (B. 3, 486).
1870 Indigo aus Isatin mit Chlorphosphor, BAEYER (B. 3, 517).
1870 Indigo aus Nitro-Acetophenon, ENGLER und EMMERLING (B. 3, 885).
1870 Indol und Furan, Konstitutionsformeln, BAEYER (B. 3, 517; GR. 322).
1870 ,,Ptomaine"[4]), bei der Fäulnis entstehende Alkaloide, beob., SELMI (vgl. B. 7, 1641; C. 1882, 313; HJ. 392).
1870 Pyridincarbonsäure bei der Oxydation von Nicotin, HUBER (A. 141, 271; B. 3, 849).
1870 Schwefel- und Phosphor-Bestimmung mit konz. Salpetersäure, CARIUS (B. 3, 697).
1870 Thallium-Alkyle, HANSEN (B. 3, 9).

---

[1]) Lävulinsäure von Lävulose (= Fruktose), linksdrehendem Zucker.
[2]) Heliotropin von ἥλιος (hélios) = Sonne und τρέπω (trépo) = ich wende, weil sich die Blüte der Pflanze Heliotrop stets der Sonne zuwendet.
[3]) Acridin von acer = scharf, nach dem Geruche.
[4]) Ptomaine von πτῶμα (ptóma) = Leiche.

1870 m-Toluidin, BEILSTEIN und KUHLBERG (A. 156, 66).
1871 Camphoronsäure aus Campher, KACHLER (A. 159, 286).
1871 Geraniol aus Palmarosa-Öl, JACOBSEN (A. 157, 232).
1871 Kupferstaub, Zinkstaub: als Kontaktsubstanzen, ZINCKE (A. 159, 367; GR. 351).
1871 Phenylhydrazin-p-Sulfonsäure, RÖMER (Z. Ch. 14, 482).
1871 Phosphine und Phosphonium-Basen, HOFMANN (B. 4, 205, 372, 430, 605).
1871 ff. Phthaleine der Phenole: Phenolphthalein, Fluorescin usf., BAEYER (B. 4, 555, 658; GR. 359).
1871 Trimethylen-Glykol, GEROMONT (A. 158, 371).
1872 Acetol aus Chloraceton und Kaliumacetat, HENRY (B. 5, 966).
1872 Aldol aus Aldehyd und Salzsäure, WURTZ (C. r. 74, 1136; 76, 1165 [1873]; GR. 250).
1872 Anthracen aus o-Benzyltoluol und heißem Bleioxyd, BEHR und VAN DORP (HJ. 325).
1872 Anthrachinon aus Benzoyl-Benzoesäure durch Wasserabspaltung, KEKULÉ und FRANCHIMONT (B. 5, 908).
1872 Carbazol aus Anthracen und Kali, GRAEBE und GLASER (B. 5, 13; GR. 346).
1872 Cymol und Terpin, OPPENHEIM (B. 5, 94, 608).
1872 Dipropargyl, Isomeres des Benzols, aus Tetrabromdiallyl, HENRY (B. 6, 956 [1873]).
1872 Dulcit durch Reduktion der Galaktose, BOUCHARDAT (A. ch. IV, 27, 79).
1872 Gliadin, Mucedin, Glutenfibrin, Glutencasein aus Getreidekleber, RITTHAUSEN („Die Eiweißkörper", Bonn 1872)[1]).
1872 Glycerin-Synthese aus Aceton, FRIEDEL und SILVA (C. r. 74, 805; 76, 1594 [1873]; HJ. 285).
1872 Glykolaldehyd, nicht rein, ABELJANZ (A. 164, 213); PINNER (B. 5, 150).
1872 Halogene, Erkennung durch die Flammenfärbung beim Erhitzen mit reinem Kupferoxyd, BEILSTEIN (B. 5, 620).
1872 ff. Hydroxamsäuren, LOSSEN (A. 161, 347).
1872 Nitroäthan, KOLBE (J. pr. II, 5, 427).
1872 ff. Nitromethan und Analoga nebst Derivaten, aus Alkyljodiden und Silbernitrit, V. MEYER und STÜBER (B. 5, 203, 399; GR. 381).
1872 Orcin aus Toluol, VOGT und HENNINGER (C. r. 74, 1107).
1872 Phenanthren aus Teer, GRAEBE und GLASER (B. 5, 861; GR. 346).
1872 Phenanthren im Teer, FITTIG (B. 5, 933); GRAEBE (B. 6, 63 [1873]).
1872 Phosphinsäuren und Derivate, HOFMANN (B. 5, 404; 6, 303 [1873]).
1872 Safranine, Bildung und Konstitution, HOFMANN und GEYGER (B. 5, 526).
1872 Triphenyl-Methan aus Benzaldehyd und Quecksilber-Diphenyl, KEKULÉ und FRANCHIMONT (B. 5, 906; GR. 354).
1873 ff. Acetessigester-Synthesen, WISLICENUS (HJ. 368).
1873 Anthrachinon-Formel, ZINCKE (B. 6, 137); FITTIG (B. 6, 168; GR. 327).
1873 Arabinose näher untersucht, weiter als Hexose angesehen, SCHEIBLER (B. 6, 612).

---

[1]) Gliadin von γλία (glía) = Leim; Mucedin von mucus = Schleim; Gluten von gluten = Kleber; Fibrin von fibra = Faser, Faserstoff.

1873 Beryllium-Alkyle, CAHOURS (C. r. 76, 1383).
1873 Butyrolacton [erstes Lacton], SAYTZEW (A. 171, 261).
1873 Carvacrol aus Campher durch Erhitzen mit Jod, KEKULÉ (B. 6, 935).
1873 Carvacrol aus Carvon, KEKULÉ und FLEISCHER (B. 6, 1087).
1873 Chinizarin aus Hydrochinon und Phthalsäure-Anhydrid, GRIMM (B. 6, 506).
1873 Milchsäuren-Isomerie ist durch räumliche Lagerung bedingt, WISLICENUS (A. 167, 302, 343; GR. 246); „geometrische Isomerie" (HJ. 338).
1873 Naphthalin aus Bromphenyl-Butylen, ARONHEIM (B. 6, 67).
1873 α-Naphthochinon bei der Oxydation von Naphthalin, GROVES (A. 167, 353; GR. 331).
1873 Parabansäure aus Oxalursäure, GRIMAUX (C. r. 77, 548; GR. 280).
1873 Phenazin (Azophenylen), CLAUS (A. 168, 1).
1873 Ptomaine isoliert und Entstehung durch Fäulnis bewiesen, GAUTIER (s. C. r. 94, 1119 [1882]).
1874 Alizarin und Chinizarin aus Brenzcatechin und Hydrochinon mit Phthalsäure, BAEYER und CARO (B. 7, 968; GR. 337).
1874 Amidonaphthole aus Nitronaphtholen, LIEBERMANN und DITTLER (B. 7, 243).
1874 Anthrachinon aus o-Benzoyl-Benzoesäure und Phosphorpentoxyd durch „Ringschließung", BEHR und VAN DORP (B. 7, 578; GR. 327).
1874 Brenzcatechin, Resorcin, Hydrochinon sind o, p, m, PETERSEN (B. 6, 362; 7, 58; HJ. 310).
1874 Coniferin, daraus Vanillin, TIEMANN und HAARMANN (B. 7, 608; GR. 373).
1874 Eosin aus Fluorescein und Brom, CARO (A. 183, 2 [1876]; s. B. 8, 62, 146 [1875]; GR. 360)[1]).
1874 Isobutyl-Senföl aus Meerrettich; Phenylpropionsäure-Nitril aus Brunnenkresse, HOFMANN (B. 7, 508, 520).
1874 „Lagerung der Atome im Raum", VAN 'T HOFF (Broschüre, Rotterdam); LE BEL (Bl. II, 22, 337); GR. 392.
1874 1-8-Naphthalin-Dicarbonsäure, BEHR und VAN DORP (B. 6, 60).
1874 Nitrosobenzol aus Diphenyl-Quecksilber und Nitrosylbromid, BAEYER (B. 7, 1638).
1874 ff. Nitrosochloride der Terpene, TILDEN (Jahr. 1875, 390).
1874 Ortsbestimmung von den Dibrom-Benzolen aus, KÖRNER (Gazz. 4, 305; GR. 303).
1874 Phenylendiamine, die drei, aus den sechs Diaminobenzoesäuren, GRIESS (B. 7, 1008, 1227; GR. 302).
1874 Purpurin durch Oxydation von Alizarin, DE LALANDE (C. r. 79, 69; GR. 338).
1874 Salicylsäure aus Phenolnatrium und Kohlensäure; arzneiliche Verwendung, KOLBE (J. pr. II, 10, 89; GR. 210).
1874 Xanthinbasen und Harnsäure sind nahe verwandt, MEDICUS (A. 175, 243 [1875]).
1875 Chrysoidin (= Diamido-Azobenzol) von CARO und von WITT; Natur erkannt: HOFMANN (s. B. 10, 213, 288 [1877]; GR. 361)[2]).

---

[1]) Eosin von ἕως (éos) = Morgenröte.
[2]) Chrysoidin von χρυσός (chrysós) = Gold und εἶδος (eídos) = Aussehen.

1875ff. Chrysophansäure und Emodin aus Rhabarber usw. sind Di- und Trioxymethyl-Anthrachinone, LIEBERMANN und O. FISCHER (B. 8, 1102; A. 183, 158 [1876]).
1875 Diazokörper, Darstellung mittels nascierender Salpetrigsäure, V. MEYER (B. 8, 1073).
1875 Dimethyläther-Hydrochlorid mit vierwertigem Sauerstoff, FRIEDEL (Bl. II, 24, 249).
1875 Eiweißstoffe, Abbau mittels Alkalien usw., SCHÜTZENBERGER (Bl. II, 23, 61; 24, 2).
1875 Indigo aus Indol mittels Ozon, NENCKI (B. 9, 727).
1875 Indophenol (Naphtholblau), FUCHS (B. 8, 625, 1022).
1875 Isopren und Polymere bei trockener Destillation des Kautschuks; künstlicher Kautschuk durch Kondensation der Destillate mittels Salzsäure, BOUCHARDAT (Bl. II, 24, 108).
1875 Lävulinsäure aus Fructose (Lävulose); Identität mit $\beta$-Acetopropionsäure, TOLLENS und BENTE (B. 8, 416).
1875 Limonen aus Isopren durch Erhitzen, BOUCHARDAT (Bl. II, 24, 112).
1875 $\beta$-Naphthylamin aus $\alpha$-Acetnaphthalid, LIEBERMANN und SCHEIDIG (B. 8, 1108).
1875 Nitrolsäuren und Pseudonitrole, V. MEYER (A. 175, 93).
1875ff. Phenyl-Arsine und Derivate, MICHAELIS (B. 8, 1316; 9, 1566 [1876]).
1875ff. Phenylhydrazin und Verbindungen, E. FISCHER (B. 8, 589, 1005, 1587; GR. 385).
1875 Pilocarpin aus Jaborandi-Blättern, HARDY (Soc. II, 24, 497)[1]).
1875 Räumliche Isomerie der Fumar- und Maleinsäure und der beiden Hydromellithsäuren, VAN 'T HOFF (GR. 266, 396).
1875 Succinylo-Bernsteinsäureester, REMSEN (B. 8, 1409).
1875 Terpilen durch Kondensation von Amylen-Derivaten, BOUCHARDAT (C. r. 80, 1446).
1875 Vanillin aus Protocatechusäure, TIEMANN (B. 8, 1123; GR. 374).
1876 Alizarin aus Anthrachinon-Monosulfosäure, PERKIN (B. 9, 281).
1876ff. Alkyl-Hydroxylamine, LOSSEN (A. 182, 223).
1876 Allantoin aus Glyoxylsäure und Harnstoff, GRIMAUX (A. ch. V, 11, 389; GR. 280).
1876 Ätherschwefelsäuren im Harn, BAUMANN (B. 9, 54; GR. 376).
1876 Azofarbstoffe von ROUSSIN, vgl. HOFMANN (B. 10, 1378 [1877]; GR. 362).
1876 Farbstoffnatur ist geknüpft an Zusammenwirken chromophorer und auxochromer Gruppen, WITT (B. 9, 522; HJ. 480).
1876 Glykosamin aus Chitin, LEDDERHOSE (B. 9, 1100).
1876 Methylenblau, CARO (erstes deutsches Farbstoffpatent); vgl. BERNTHSEN B. 45, 2012 [1912]).
1876 Oxyaldehyde aus Phenolen, Chloroform und Alkali, REIMER B. 9, 423; GR. 374).
1876ff. Phenyl-Phosphine und Derivate, MICHAELIS (A. 181, 265).

---

[1]) Pilocarpin von πίλος (pílos) = Filz und καρπός (karpós) = Frucht.

1876 Raffinose aus Melasse, nicht als Trisaccharid erkannt, LOISEAU (C. r. 82, 1058).
1876 Thionin (LAUTHS Violett) aus Phenylendiamin und Schwefel, LAUTH (B. 9, 1035)[1]).
1876ff. Triphenylmethan aus Rosanilin und Leukanilin, E. und O. FISCHER (B. 9, 891; vgl. 11, 195 und A. 194, 242 [1878]; GR. 354, 359).
1877 Alizarinblau aus Nitroalizarin, Glycerin und Schwefelsäure, PRUDHOMME (Bl. II, 28, 62; GR. 369).
1877 Anthragallol (Trioxy-Anthrachinon) aus Pyrogallol und Phthalsäureanhydrid, SEUBERLICH (B. 10, 38).
1877 Azofarbstoffe, Chrysoidine, Chrysoine, Tropäoline, WITT (B. 10, 654, 1509; GR. 362).
1877 ,,Biebricher Scharlach", NIETZKI (vgl. B. 13, 800, 1838 [1880]; GR. 363).
1877 Chinon bei der Oxydation von Anilinschwarz, NIETZKI (B. 10, 1934; 11, 1610 [1878]; GR. 339).
1877 Chloraluminium als Kontaktsubstanz, FRIEDEL und CRAFTS (C. r. 84, 1392, 1450; GR. 352).
1877 Cyclohexan (Hexahydro-Benzol), nicht rein, WREDEN (A. 187, 163)[2]).
1877 Di- (Tetra-) Azofarbstoffe, CARO und SCHRAUBE (B. 10, 2230; GR. 363).
1877ff. Esterbildungs-Gesetze, MENSCHUTKIN (B. 10, 1728, 1898).
1877 ,,Furan", BAEYER (B. 10, 1361).
1877 Gleichwertigkeit der sechs Kohlenstoff-Atome im Benzol, LADENBURG (B. 10, 1224).
1877 Glutamin aus Kürbiskeimlingen, SCHULZE und BARBIERI (B. 10, 199).
1877 Helianthin (Methylorange), GRIESS (B. 10, 528)[3]).
1877 Indol aus Diäthyl-o-Toluidin, BAEYER und CARO (B. 11, 692, 1192 [1878]).
1877ff. Naphthalin-Azofarbstoffe, $\beta$-Naphtholorange, Tropäolin..., CARO und ROUSSIN; vgl. HOFMANN (B. 10, 1378), GRIESS (B. 11, 2198 [1878]).
1877 $\beta$-(o)-Naphthochinon, STENHOUSE und GROVES (A. 189, 145).
1877 Ornithin (Diamino-Valeriansäure) aus Hühnerfaeces, JAFFÉ B. 10, 1925; 11, 406 [1878]; GR. 380)[4]).
1877 Osmotischer Druck der Zuckerlösungen, PFEFFER (,,Osmotische Untersuchungen", Leipzig 1877).
1877 Pyridin-Synthese, RAMSAY (B. 10, 736).
1877 Rhodanin aus Ammonium-Rhodanid und Chloressigsäure, NENCKI (J. pr. II, 16, 1).
1877 Skatol = $\beta$-Methylindol, aus Faeces, BRIEGER (B. 10, 1028)[5]).
1877ff. Succinylo-Bernsteinsäureester, Übergang in p-Dioxyterephthalsäure, HERRMANN (B. 10, 111).
1877 Sylvestren im schwedischen Teeröl, ATTERBERG (B. 10, 1202)[6]).

---
[1]) Thionin von ϑεῖον (théion) = Schwefel.
[2]) Cyclohexan von κύκλος (kýklos) = Kreis.
[3]) Helianthin von ἥλιος (hélios) = Sonne und ἄνϑος (ánthos) = Blume.
[4]) Ornithin von ὄρνις (órnis) = Vogel.
[5]) Skatol von σκάτος (skátos) = Kot, Faeces.
[6]) Sylvestren von silvester = waldig, zum Wald gehörig.

1877 Triphenylmethan aus Benzol, Chloroform und Aluminiumchlorid, FRIEDEL und CRAFTS (C. r. 84, 1451).
1877 Ungesättigte Säuren beim Acetylieren des Gemisches von Aldehyden mit den Natriumsalzen gesättigter Säuren, PERKIN (Soc. 31, 388; vgl. schon B. 8, 1599 [1875]; GR. 314).
1878 ff. Alkohole, optisch-aktive, durch biochemische Spaltung inaktiver, LE BEL (HJ. 347).
1878 Aurin aus Phenol und Dioxybenzophenon, CARO und GRAEBE (B. 11, 1116, 1348)[1]).
1878 ff. Chrysarobin aus Goapulver ist Methyl-Dioxy-Anthranol, LIEBERMANN (B. 11, 1603).
1878 Dampfdichte-Bestimmung durch Luftverdrängung, V. MEYER (B. 11, 1867, 2253).
1878 Echtrot = Naphthalinsulfosäure-Azonaphthol, CARO und GRIESS (B. 11, 2199).
1878 Elementar-Analyse mit platiniertem Asbest, KOPFER (Fr. 17, 1).
1878 „Enzyme", KÜHNE (Untersuch. aus dem physiolog. Institut, Heidelberg 1, 291)[2]).
1878 Isatin aus Phenylessigsäure; Synthese des Indigos, BAEYER (B. 11, 582, 1228).
1878 Isatin durch Oxydation von Amido-Oxindol, BAEYER (B. 12, 1228).
1878 Malachitgrün aus Benzaldehyd mit Benzotrichlorid oder Dimethylanilin, O. FISCHER (B. 11, 950); DÖBNER (B. 11, 1236).
1878 Methylenblau, CARO (B. 11 1705).
1878 Oxindol aus Isatinsäure, SUIDA (B. 12, 854).
1878 „Phytosterin" = pflanzliches Cholesterin, HESSE (A. 192, 175)[3]).
1878 Quercit besitzt Ring-Struktur, PRUNIER (A. ch. V, 15, 1).
1878 Semicarbazid, E. FISCHER (A. 190, 105)[4]).
1878 Tricarballylsäure aus Rübensäften, LIPPMANN (B. 11, 707).
1878 Tyrosin in Keimpflanzen, SCHULZE (B. 11, 711).
1879 Alkaloide sind Pyridin- und Chinolin-Derivate, LADENBURG (B. 12, 947); WISCHNEGRADSKY (B. 12, 1506).
1879 Alkyl-Hydrazine aus Nitrosoalkyl-Harnstoffen, E. FISCHER (A. 199, 283; HJ. 408).
1879 Alkyl-Tetrazone, E. FISCHER (A. 199, 319).
1879 Amylalkohol (sekundärer), Propylenglykol usf., optisch-aktive: durch biochemische Spaltung, gemäß der VAN'T HOFF-LE BELschen Theorie, LE BEL (C. r. 89, 312; 92, 532 [1881]; GR. 399).
1879 Atropin aus tropasaurem Tropin mit Salzsäure, LADENBURG (B. 12, 941; GR. 372).
1879 Barbitursäure aus Harnstoff und Malonsäure, GRIMAUX (A. ch. V, 17, 276; GR. 280).

---

[1]) Aurin von aurum = Gold.
[2]) Enzym von ἔν (en) = in und ζύμη (zýme) = Hefe.
[3]) Phytosterin von φυτόν (phyton) = Pflanze und στέαρ (stéar) = Fett.
[4]) Semicarbazid von semi = halb.

1879 Benzoesäure-Sulfinid, sog. Saccharin, REMSEN und FAHLBERG (B. 12, 469; HJ. 521; vgl. C. 1886, 20).
1879 Camphen und Derivate aus Terebenten-Hydrochlorid, MONTGOLFIER (C. r. 89, 102).
1879 Carbonsäuren (aromatische) aus Polyphenolen und Ammoniumcarbonat, SENNHOFER und BRUNNER (M. 1, 236, 468 [1880]; GR. 211).
1879 Carvacrol aus ätherischen Ölen, JAHNS (TSCHIRCH 1, 1171).
1879 Chinasäure aus Gras und Heu, LOEW (J. pr. II, 19, 310; GR. 376).
1879 Chinolin aus Allyl-Anilin, KOENIGS (B. 12, 453; GR. 369); aus Hydrocarbostyril, BAEYER (HJ. 327).
1879 Chlorophyll, krystallisiertes, GAUTIER (C. r. 89, 861).
1879 Diazo-Äthansulfosäure, erste aliphatische Diazo-Verbindung, E. FISCHER (HJ. 408).
1879ff. Esterbildungs-Geschwindigkeiten, MENSCHUTKIN (A. 195, 334; 197, 193).
1879 Glykuronsäure und Verbindungen im Harn, SCHMIEDEBERG und H. MEYER (H. 3, 422; GR. 378).
1879 Indoxylschwefelsäure im Harn, BAUMANN und BRIEGER (H. 3, 254; GR. 377).
1879 Isatin aus o-Nitrobenzoesäure, CLAISEN und SHADWELL (B. 13, 350 [1880]).
1879 Isoborneol aus Campher mittels Natrium, MONTGOLFIER (C. r. 89, 101).
1879 Kautschuk aus Isopren und verdünnter Salzsäure, BOUCHARDAT (C. r. 89, 1117; HJ. 395).
1879 Naphtholblau, MELDOLA (B. 12, 2066).
1879 Naphtholgelb = Dinitronaphthol-Sulfosäure, CARO (GR. 365).
1879 Nicotinsäure (durch Oxydation von Nicotin) ist Pyridincarbonsäure, LAIBLIN (A. 196, 134).
1879 Phenolglykosid und Helicin aus Acetochlor-Glykose und Phenolkalium bzw. Salicylaldehyd-Kalium; erste Glykosid-Synthesen, MICHAEL (B. 12, 2260; 15, 1922 [1882]; HJ. 383).
1879 Pyridin durch Oxydation von Chinolin, HOOGEWERFF und VAN DORP (B. 12, 747); KOENIGS (B. 12, 983; GR. 371).
1879 Pyridin gibt drei Mono-Substitutions-Produkte, WEIDEL (B. 12, 2012).
1879 Safranin durch Oxydation von p-Diaminen und Monaminen, WITT (B. 12, 939).
1879 Terpinen aus Limonen und Schwefelsäure, TILDEN (B. 12, 1752).
1879ff. Thermochemische Untersuchungen, STOHMANN (J. pr. II, 19, 1).
1880 Äpfelsäuren, aktive, aus r-Äpfelsäure mittels Cinchonin, BREMER (B. 13, 351; HJ. 367).
1880 „Biebricher Scharlach" als diazotiertes Derivat des $\beta$-Naphthols erkannt, MÜLLER (B. 13, 542, 980).
1880 Camphene aus Campher und Borneol, KACHLER und SPITZER (A. 200, 940).
1880 Chinolin aus Nitrobenzol, Glycerin und Schwefelsäure, SKRAUP (M. 1, 316; 2, 139 [1881]; HJ. 370).
1880 Citronensäure-Synthese vom Glycerin aus, GRIMAUX und ADAM (C. r. 90, 1252; GR. 249; HJ. 386).
1880 Glykonsäure als erstes Produkt der Oxydation von Glykose erkannt, KILIANI (A. 205, 145; GR. 256).

1880 Indigo durch Reduktion der o-Nitro-Phenylpropiolsäure aus o-Nitrozimtsäure, BAEYER (B. 13, 2254; GR. 323).
1880 ff. Lactone aus γ-Oxysäuren, FITTIG und BREDT (A. 200, 58; HJ. 409).
1880 ff. Lichtbrechungs-Vermögen organischer Stoffe, BRÜHL (HJ. 513).
1880 ff. Malonsäureester-Synthesen, CONRAD (A. 204, 122; HJ. 368).
1880 Milchzucker-„Modifikationen", SCHMOEGER (B. 13, 1915); ERDMANN (B. 13, 2180).
1880 ff. „Naphthene" der Erdöle, BEILSTEIN und KURBATOW (B. 13, 1818).
1880 β-Naphthylamin aus β-Naphthol mit Chlorzink-Ammoniak, MERZ und WEITH (B. 13, 1300).
1880 Saccharin aus Invertzucker und Kalk, PÉLIGOT (C. r. 89, 918; 90, 1141).
1880 Zimtsäure aus Benzalchlorid, CARO (GR. 315; vgl. B. 15, 969 [1882]).
1881 Aldehyde und Ketone aus Kohlenwasserstoffen durch Wasser-Anlagerung, KUTSCHEROW (B. 14, 1540).
1881 Amidonaphthol-Sulfosäuren, GRIESS (B. 14, 2042).
1881 Amine aus Amiden (der Fettsäuren) mit Brom und Alkali, HOFMANN (B. 14, 2725; 15, 407, 762 [1882]; HJ. 437).
1881 Äthyl-Superoxyd aus Äther und Ozon, BERTHELOT (C. r. 92, 895).
1881 ff. Benzidin und andere Diphenylderivate aus Azo- und Hydrazo-Benzolen, SCHULTZ (A. 207, 311).
1881 Chinaldin-Synthese, DOEBNER und MÜLLER (B. 14, 2812; 15, 3075 [1882]; HJ. 370).
1881 Codein ist der Methyläther des Morphins, GRIMAUX (C. r. 92, 1140).
1881 Cyclohepton-Carbonsäure, SPIEGEL (A. 211, 117).
1881 Fructose ist eine Ketose mit gerader Kohlenstoff-Kette, KILIANI (B. 14, 2530).
1881 Gallocyanin, KÖCHLIN (vgl. NIETZKI und OTTO, B. 21, 1740 [1888]).
1881 Glykolsäure als Oxydations-Produkt der Hexosen, KILIANI (A. 205, 191).
1881 Linalool im Linaloeholz, MORIN (C. r. 92, 128).
1881 Naphthochinoline, SKRAUP (M. 2, 162; 4, 438 [1883]).
1881 Naphtholgelb, Dinitronaphthol-Sulfosäure, LAUTERBACH (B. 14, 2028).
1881 Peptone in Pflanzen, SCHULZE und BARBIERI (Journ. f. Landwirtschaft 29, 285).
1881 Piperidin durch Reduktion des Pyridins, KOENIGS (B. 14, 1856; HJ. 389).
1881 Piperidin (und andere Basen) abgebaut durch erschöpfende Methylierung, HOFMANN (B. 14, 494, 659, 705).
1881 Pyridin-Körper aus Acetessigester, Aldehyden und Ammoniak, HANTZSCH (B. 14, 1637; A. 215, 1 [1882]).
1881 Trimethylen, aus dessen Bromid mit Natrium; Trimethylenglykol bei der Vergärung des Glycerins durch Spaltpilze, FREUND (M. 2, 636; 3, 625 [1882]; GR. 319).
1881 Xanthinstoffe in keimenden Pflanzen, SALOMON (C. 649).
1881 Xanthinstoffe sind Derivate der Nucleine, KOSSEL (H. 5, 267; 6, 422; C. 485).
1882 Acetessigsäure, freie, CERESOLE (B. 15, 1327, 1871).
1882 Aldoxime und Ketoxime, V. MEYER und JANNY (B. 15, 1324, 1525).
1882 ff. Alkohole, höhere, bis Octodecyl-Alkohol, KRAFFT (HJ. 367).

1882 Allantoin und Phenylalanin (Phenyl-Amidopropionsäure) in Pflanzen, SCHULZE (C. 1882, 89).
1882 Benzaldoxime, PETRACZEK (B. 15, 2785; 16, 824 [1883]).
1882ff. Chinoxaline, HINSBERG (B. 15, 2690).
1882 Harnsäure durch Verschmelzen von Harnstoff mit Glykokoll, HORBACZEWSKI (M. 3, 796; GR. 280).
1882 Indigo aus o-Nitrobenzaldehyd, BAEYER (B. 15, 2862).
1882 Isopren aus Dämpfen des Terpentinöls, TILDEN (HJ. 395).
1882 Lactame und Lactime; Pseudoformen, BAEYER (HJ. 424).
1882 Linalool (Coriandrol), MORIN (A. ch. V, 25, 427).
1882ff. Mandelsäure, Glycerinsäure, Milchsäure, optisch-aktive: durch biochemische Spaltung der r-Säuren, LEWKOWITSCH (B. 16, 1565, 2721; HJ. 347).
1882 Menthon aus Pfefferminzöl, ATKINSON (Soc. 41, 50).
1882 Methan-Tricarbonsäure, CONRAD und GUTHZEIT (A. 214, 31).
1882ff. Molekulargewichte organischer Stoffe durch Gefrierpunkts-Erniedrigung, RAOULT (C. r. 94, 1517).
1882 Oxime aus Hydroxylamin und Dichloraceton, V. MEYER und JANNY (B. 15, 1165; GR. 382).
1882 Piperin aus Piperidin und Piperinsäure, RÜGHEIMER (B. 15, 1390; HJ. 389).
1882ff. Polypeptide, synthetische, CURTIUS (J. pr. II, 26, 182; HJ. 399).
1882 Santonin ist ein Naphthalin-Derivat, CANNIZZARO und CARNELUTTI (Gazz. 12, 293; GR. 333).
1882ff. Succinylo-Bernsteinsäure-Ester aus Bernsteinsäureester, HERRMANN (A. 211, 306; HJ. 369).
1882ff. Thiophen und Derivate, V. MEYER (B. 15, 2893; GR. 348).
1882 Veronal (Diäthyl-Barbitursäure), CONRAD und GUTHZEIT (B. 15, 2849)[1]).
1882 Xanthin aus Guanin mit salpetriger Säure; Theobromin aus Xanthinblei und Jodmethyl, E. FISCHER (A. 215, 309).
1883 Aldehyd-Reaktion mit Diazobenzolsulfosäure, E. FISCHER und PENZOLDT (B. 16, 657).
1883 Antipyrin aus Acetessigester und Phenylhydrazin, KNORR (B. 16, 2597; GR. 386)[2]).
1883 Atropin aus tropasaurem Tropin, LADENBURG (A. 217, 74).
1883 Auramin-Farbstoffe, CARO und KERN (s. GRAEBE, B. 20, 3260 [1887]).
1883ff. Benzildioxime, zwei stereoisomere; Stereochemie des Stickstoffs, V. MEYER und GOLDSCHMIDT (B. 16, 1616; vgl. B. 21, 784, 3510 [1888]).
1883 Campher-Oxim, NAEGELI (B. 16, 497).
1883 Diazo-Essigester, Diazofettsäuren, CURTIUS (B. 16, 2230; 17, 953 [1884]; GR. 387).
1883 Glutamin aus Rübensaft, SCHULZE und BOSSHARD (Landw. Versuchs-Stat. 29, 295).
1883 Glyoxim aus Glyoxal und Hydroxylamin, V. MEYER (B. 16, 505).

---
[1]) Den Namen Veronal gab 1903 MERING, als ihm während einer Nachtfahrt in der Nähe von Verona der Gedanke der arzneilichen Verwendung einer so beschaffenen Substanz kam (Privatmitteilung).
[2]) Antipyrin von ἀντί (anti) — entgegen und πῦρ (pyr) — Hitze, Fieber.

1883 Hydrazone der Aldehyde und Ketone, E. FISCHER (HJ. 408).
1883ff. Imido-Äther aus Alkoholen und Nitrilen, PINNER (B. 16. 352, 1643; HJ. 407).
1883 Indigo-Formel, BAEYER (B. 16, 2204).
1883 α-Naphthol aus Iso-Phenylcrotonsäure, FITTIG und H. ERDMANN (B. 16, 43; GR. 332).
1883ff. Ptomaine: Cadaverin, Putrescin, Tetra- und Penta-Methylendiamin[1]), BRIEGER (B. 16, 1188, 1405; HJ. 392).
1883 Stickstoff-Bestimmung mittels Oxydationsmitteln und konz. Schwefelsäure, KJELDAHL (Fr. 22, 366).
1883 Tri-, Tetra- und Penta-Methylen-Derivate, PERKIN (GR. 319).
1883 Tyrosin aus p-Amido-Phenylalanin, ERLENMEYER und LIPP (A. 219, 161; HJ. 374).
1884 Acetondicarbonsäure aus Citronensäure und konz. Schwefelsäure, PECHMANN (B. 17, 2542).
1884 Adenin aus Nucleinen, KOSSEL (B. 18, 79 [1885])[2]).
1884ff. Albumosen und Peptone aus Eiweißstoffen durch Pepsin, KÜHNE und CHITTENDEN (Z. f. Biologie 20, 11).
1884 Antipyrin = Phenyl-Dimethyl-Pyrazolon, KNORR (B. 17, 549, 2037).
1884 Chinoxalin-Synthesen, HINSBERG (B. 17, 319; HJ. 370).
1884 Cocain, Anwendung in der Heilkunde, KOLLER (C. 1885, 669).
1884 Halogen- und Cyan-Benzole nebst Analoga, aus den Diazo-Halogen-Verbindungen mit Kupferchlorid und Kaliumkupfercyanür, SANDMEYER (B. 17, 1633, 2650).
1884 Hydrazone und Osazone der Zuckerarten, E. FISCHER (B. 17, 572, 579; GR. 386).
1884 Isatosäure durch Oxydation von Isatin, KOLBE (J. pr. II, 30, 84, 124, 468).
1884ff. Juglon[3]) aus Walnüssen ist ein Oxynaphthochinon, BERNTHSEN (B. 17. 1945); MYLIUS (B. 17, 2411).
1884 Kongorot, [erster substantiver Baumwollfarbstoff] aus azotiertem Benzidin und Naphthionsäure, BOETTIGER (GR. 364; s. WITT, B. 19, 1719 [1886]).
1884 Limonen, Terpinhydrat, Terpineol, Pinen..., WALLACH (A. 225, 309).
1884 r-Limonen-Tetrabromid (Dipententetrabromid), WALLACH (A. 225, 305); RENARD (A. ch. VI, 1, 245).
1884 Methyl-Cyclohexan aus Harzessenz, RENARD (A. ch. VI, 1, 229).
1884 Nitrile aus Aminen mittels Brom und Alkali, HOFMANN (B. 17, 1406).
1884 β-Oxybuttersäure, linksdrehende, im diabetischen Harn, MINKOWSKI (B. 17, Ref. 334, 535).
1884 Phenylalanin (Phenyl-Aminopropionsäure) aus Pflanzeneiweiß, SCHULZE und BOSSHARD (H. 9, 63).
1884 Piperidin aus Pyridin mit Natrium und Alkohol, LADENBURG (B. 17, 156, 388).

---

[1]) Cadaverin von cadaver = Leichnam; Putrescin von putrescere = faulen.
[2]) Adenin von ἀδήν (adén) = Lymphdrüse.
[3]) Juglon von Juglans regia (Walnußbaum); zuerst beobachtet von VOGEL und REISCHAUER (Jahr. 1856, 693).

1884ff. „Purin" als Stammsubstanz der Harnsäuregruppe; Purinderivate, E. FISCHER (B. 17, 329)[1]).

1884ff. Terpene und ätherische Öle, systematische Untersuchung, WALLACH (A. 225, 291; HJ. 393).

1885 Carvon ist ein Keton und dem Limonen nahestehend, GOLDSCHMIDT und ZÜRRER (B. 18, 1732).

1885 Cocain aus Ekgonin, Benzoesäure und Jodmethyl, MERCK (B. 18, 1594, 2952); SKRAUP (M. 6, 556).

1885 Formose aus Formaldehyd, LOEW (J. pr. II, 33, 321; HJ. 378).

1885 Fructose ist ein Ketonalkohol; Verbindungen der Zuckerarten mit Blausäure; KILIANI (B. 18, 3066; 19, 221 [1886]; GR. 257).

1885 Hexaoxybenzol; Benzol-Chinoyl-Derivate; Natur des Kohlenoxydkaliums, NIETZKI und BENCKISER (B. 18, 499, 1833; GR. 339).

1885 Isochinolin aus Teer, HOOGEWERFF und VAN DORP (Rec. Pays-Bas 4, 125; HJ. 332).

1885 d-Limonen aus Zitronenöl, WALLACH (A. 227, 290).

1885 Piperidin aus Pentamethylen-Diamin, LADENBURG (B. 17, 2958, 3100).

1885 Ptomaine, systematisch erforscht, BRIEGER (Über Ptomaine, Berlin 1885).

1885 Pyridin-Dicarbonsäuren, Konstitution der sechs, LADENBURG (B. 18, 2967; HJ. 331).

1885 Pyrimidin, PINNER (B. 18, 760).

1885 Safrol aus Campheröl, BERTRAM (TSCHIRCH 2, 1130)[2]).

1885ff. Spannungs-Theorie, BAEYER (B. 18, 2277; GR. 402).

1885 „Tautomerie", LAAR (B. 18, 648; GR. 324)[3]).

1885 Theophyllin aus Tee, KOSSEL (B. 18, 79, 1930; vgl. H. 13, 29 [1888]).

1885 Unterchlorigsäure-Ester, SANDMEYER (B. 18, 1767).

1885 Xanthin, Hypoxanthin, Guanin in Pflanzen, SCHULZE und BOSSHARD (H. 9, 420).

1886 Adenin aus dem Nuclein des Pankreas, KOSSEL H. 10, 248).

1886 Amide (alkylierte der Säuren) aus Ketoximen, durch Umlagerung, BECKMANN (B. 20, 2580 [1887]; HJ. 437).

1886 Arginin aus Lupinen-Keimlingen, SCHULZE (B. 19, 1177; H. 11, 43).

1886 d-Asparagin aus Wicken, PIUTTI (C. r. 103, 134).

1886 d-Coniin aus α-Picolin, erste Synthese eines Alkaloids, LADENBURG (B. 19, 2578; A. 247, 1 [1888]; GR. 372).

1886 Diazoverbindungen der Fettreihe aus Amido-Verbindungen, CURTIUS (München 1886; Habil.-Schrift).

1886 Indol-Synthesen, E. FISCHER (HJ. 370).

1886 Isochinolin, Synthese, GABRIEL (B. 19, 1653, 2361).

1886 „Konfiguration", WUNDERLICH, „Konfiguration organischer Moleküle" (Würzburg 1886; HJ. 354).

1886 Phellandren, PESCI (Gazz. 16, 225); WALLACH (A. 239, 40, [1887]).

---

[1]) Purin von purum acidum uricum = Reinstes der Harnsäure.
[2]) Safrol: aus Sassafrasöl (einheimischer Name).
[3]) Tautomerie von ταυτός (tautós) = derselbe und μέρος (méros) = Teil.

1886 Phloroglucin reagiert auch als Triketon; ,,Desmotropie", BAEYER (B. 19, 159)[1]).
1886 Sulfonal (Bisäthylsulfon-Propan), BAUMANN (B. 19, 2808).
1886 Terephthalsäure aus Succinylo-Bernsteinsäureester, BAEYER (B. 19, 429).
1887 Acetylaceton aus Chloraceton und Chloraluminium, COMBES (A. ch. VI, 12, 199; C. r. 105, 868).
1887 Aminogruppen: Ersatz durch Nitrogruppen bei Einwirkung von Cuprosalzen auf Diazokörper, SANDMEYER (B. 20, 1494).
1887 Antifebrin (Acetanilid), medizinische Verwendung, CAHN und HEPP (C. 1887, 101).
1887 Arabinose als Pentose erkannt, KILIANI (B. 20, 282; HJ. 381)[2]).
1887 Arginin aus Kürbis- und Lupinen-Keimlingen, SCHULZE und STEIGER (H. 11, 43).
1887 Chinazoline, WEDDIGE (J. pr. II, 36, 142).
1887 Diacetyl, PECHMANN (B. 20, 3162); FITTIG und DAIMLER (B. 20, 3183).
1887 Elektronegativer Charakter der aromatischen Radikale, V. MEYER (B. 20, 534, 2944).
1887 ff. Formose durch Polymerisation von Formaldehyd, LOEW (B. 20, 142, 3039).
1887 Gärung mit rein gezüchteten Hefen, HANSEN (C. 1887, 369, 1258).
1887 Germanium-Alkyle, WINKLER (J. pr. II, 36, 204).
1887 Glykose-Hydrazon; ,,Osazon", E. FISCHER (B. 20, 821, 1088, 3384).
1887 Inosit ist Hexa-Hydroxy-Benzol, MAQUENNE (C. r. 104, 225).
1887 Mannose aus Mannit, E. FISCHER (B. 20, 821).
1887 Methyl-Glyoxal, PECHMANN (B. 20, 2543, 3213).
1887 Molekular-Gewichte organischer Stoffe aus dem osmotischen Druck, VAN 'T HOFF (Z. physikal. Chemie 1, 481).
1887 Phenacetin (Acetyl-p-Amidophenetol) als Antipyreticum, HINSBERG und KAST (HJ. 520).
1887 Phenyl-Bismut-Verbindungen, MICHAELIS (B. 20, 52).
1887 Primulingelb (Thiazolderivat), GREEN (B. 22, 968 [1889]).
1887 Räumliche Lagerung, Isomerie ungesättigter Verbindungen, WISLICENUS (Abh. Sächs. Akad. 1887; C. 1887, 1005; HJ. 355).
1887 ff. Saponine als Körpergruppe erkannt, KOBERT (Arch. exper. Pathol. 23, 233; TSCHIRCH 2, 1522).
1887 Terpineol aus ätherischen Ölen, BOUCHARDAT und VOIRY (C. r. 104, 997).
1887 Trigonellin ist identisch mit Nicotinsäure-Methylbetain, JAHNS (B. 20, 2840).
1887 Triosen aus Glycerin, Akrosen (i-Fructose, i-Sorbinose) aus Acrolein, E. FISCHER und TAFEL (B. 20, 1092, 3384).
1888 ff. Alizarin und Hystazarin[3]) aus Brenzcatechin und Phthalsäure-Anhydrid, LIEBERMANN (B. 21, 2501).

---

[1]) Desmotropie von δεσμός (desmós) = Bindung und τρόπος (trópos) = Art.
[2]) Den Namen ,,Pentose" gab erst 1890 E. FISCHER (B. 23, 934).
[3]) Hystazarin von ὕστερος (hýsteros) = letztes, als zuletzt entdecktes der zehn Isomeren des Alizarins.

1888 Amine, primäre, aus Halogenderivaten und Phthalimid-Kalium, GABRIEL (B. 21, 566).
1888 Aminoaldehyd (als Acetal) aus Chloracetal und Ammoniak, WOHL (B. 21, 616).
1888 Äthylenimin, GABRIEL (B. 21, 1049, 2664).
1888 „Cis-Trans-Isomerie", BAEYER (A. 245, 130, 137; GR. 403)[1]).
1888 i-Citral aus Lemongras-Öl, BERTRAM (TSCHIRCH 2, 820).
1888 Fluor-Äthyl, MOISSAN (C. r. 107, 260).
1888 Furol aus Pentosen, TOLLENS und STONE (A. 249, 227).
1888 Gleichwertigkeit der vier Valenzen im Methan, HENRY (Z. physikal. Chemie 2, 553).
1888 Harnsäure aus Acetessigester und Harnstoff, BEHREND und ROOSEN (A. 251, 240; HJ. 385).
1888 Harnsäure aus Harnstoff und Isodialursäure (aus Methyl-Uracil), BEHREND und ROOSEN (A. 251, 235, 248).
1888 Hexahydro-Terephthalsäure, Cis-Trans-Formen, BAEYER (A. 245, 170).
1888 „Hydrazone", E. FISCHER (B. 21, 984).
1888 ff. Nitrosate, Nitrosite, Nitrosochloride der Terpene, WALLACH (A. 245, 270).
1888 Piperazin, LADENBURG und ABEL (B. 21, 758).
1888 Reduktase aus Hefe, sog. Philothion[2]), REY-PAILHADE (C. r. 106, 683; 107, 43).
1888 „Stereochemie", V. MEYER (B. 21, 789; GR. 392)[3]).
1888 ff. Tetrahydro-Naphthole, BAMBERGER (B. 21, 1786, 1892).
1888 Zentrische Benzolformel, BAEYER (A. 245, 103, 210; GR. 310).
1889 Affinitäts-Größen organischer Säuren, OSTWALD (Z. physikal. Chemie 3, 170, 369).
1889 Albumin, krystallisiertes (aus Eiern), HOFMEISTER (H. 14, 165).
1889 „Alicyclische Verbindungen", BAMBERGER (B. 22, 769).
1889 d-Citronellol aus d-Citronellal des Citronenöls, DODGE (Am. 11, 463).
1889 Diazo-Essigsäure und Derivate, CURTIUS (J. pr. II, 39, 394).
1889 Formaldehyd aus Kohlenoxyd und Kohlensäure nebst Wasser, mittels Platin oder Palladium, JAHN (B. 22, 989).
1889 Harnsäure aus β-Uramido-Crotonsäure, BEHREND und ROOSEN (A. 251, 235).
1889 Hydrazide der Säuren, E. FISCHER und PASSMORE (B. 22, 2728).
1889 Keto-Pentamethylen aus adipinsaurem Calcium, WISLICENUS und HENTSCHEL (vgl. A. 275, 309 [1893])[4]).
1889 Lysin (Diamino-Capronsäure) aus Casein und Salzsäure, DRECHSEL (J. pr. II, 39, 425)[5]).
1889 Menthon aus Menthol, durch gelinde Oxydation, BECKMANN (A. 250, 322).
1889 Morpholin, KNORR (B. 22, 1113, 2084).

---

[1]) Cis = diesseits, Trans = jenseits.
[2]) Philothion von φίλος (phílos) = Freund und θεῖον (theíon) = Schwefel.
[3]) Stereochemie von στερεός (stéreos) = räumlich.
[4]) Adipinsäure von adeps = Fett.
[5]) Lysin von λύσις (lýsis) = Auflösung.

1889 Nitro-Äthylalkohol, V. MEYER und DEMUTH (B. 21, 3529; A. 256, 28).
1889 Nucleinsäuren aus Nucleo-Proteiden, ALTMANN (Arch. f. Anat. u. Physiol. 524).
1889 Primulin ist ein Thiazol-Derivat, GATTERMANN (B. 22, 1063).
1889 Pyrazol, BUCHNER (B. 22, 846, 2165).
1889 Rosindulin, O. FISCHER und HEPP (A. 256, 236).
1889 Succinylo-Bernsteinsäure durch Reduktion der Dioxy-Terephthalsäure, BAEYER und NOYES (B. 22, 2168).
1889 Xylose[1]) ist eine Pentose, WHEELER und TOLLENS (B. 21, 3508; HJ. 381).
1890 Anti- und Syn-Formen der Oxime u. dgl.; Stereochemie des Stickstoffs, HANTZSCH und WERNER (B. 23, 11; HJ. 447)[2]).
1890 Azide, aus ihnen Stickstoffwasserstoffsäure, CURTIUS (B. 23, 3023; C. 1890b, 811; HJ. 408).
1890 Benzhydrazid (Benzoyl-Hydrazin), CURTIUS (B. 23, 3023).
1890 Benzol-, Pyridin- und Thiophen-Derivate aus Pentamethylen-Derivaten, HANTZSCH (B. 22, 2827).
1890 Chinazoline, DEHOFF (J. pr. II, 42, 346); GABRIEL und JANSEN (B. 23, 2810).
1890 Citronellal, DODGE (B. 23, Ref. 175).
1890 Cyanursäure aus Biuret und Urethan bei 170°, BAMBERGER (B. 23, 1861).
1890 Cyclohepton, MARKOWNIKOFF (C. r. 110, 466).
1890 ,,Cytase" als celluloselösendes Enzym, BROWN und MORRIS (Soc. 57, 497)[3]).
1890 Diazogruppe: Ersatz durch Halogene, Cyan, und schwefelhaltige Reste, mittels feinen Kupferstaubes, GATTERMANN (B. 23, 738, 1218).
1890 Fenchon aus Fenchelöl, WALLACH (A. 259, 324).
1890 ,,Fließende Krystalle" des Cholesteryl-Benzoats, LEHMANN (Z. physikal. Chemie 4, 462).
1890 Fließende Krystalle: Alkylderivate des p-Azoxyphenols, GATTERMANN (B, 23, 1738).
1890 Fluor-Methylen aus Chlormethylen und Silberfluorid, CHABRIÉ (C. r. 110, 1202).
1890 Fluoroform, MESLANS (C. r. 110, 717; Bl. III, 3, 243).
1890 Geraniol hat offene Kohlenstoffkette, ist ein ,,olefinisches Terpen", SEMMLER (B. 23, 1102; 24, 210 [1891]).
1890 Glykose-Synthese, E. FISCHER (B. 23, 799; HJ. 380).
1890 Hexahydro-Phthalsäure, Cis- und Trans-Formen, BAEYER (A. 258, 214, 217).
1890 Inden aus Teeröl, KRÄMER und SPILKER (B. 23, 3276).
1890 Indigo aus Anthranilsäure über Phenylglycin-o-Carbonsäure, HEUMANN (B. 23, 3043, 3431; GR. 324).
1890ff. Induline, O. FISCHER und HEPP (A. 256, 233).

---

[1]) Xylose von ξύλον (xýlon) = Holz; diesen Namen für den 1886 von KOCH entdeckten ,,Holzzucker" schlug 1887 LIPPMANN vor (,,Die deutsche Zuckerindustrie", S. 1123), und TOLLENS nahm ihn daraufhin ebenfalls an.

[2]) Anti- und Syn- von ἀντί (antí) = entgegen und σύν (syn) = mit.

[3]) Cytase von κύτος (kýtos) = Höhlung, Zelle.

1890 r-Isobutyl-Propyl-Äthyl-Methyl-Ammonium (als Chlorid) durch Pilzkulturen in die optischen Isomeren gespalten, LE BEL (C. r. 112, 724 [1891]).
1890 Isomaltose-Synthese, E. FISCHER (B. 23, 3687; HJ. 384).
1890 Isophthalsäure-Homologe aus Pyrotraubensäure, aliphatischen Aldehyden und Barytwasser, DOEBNER (B. 23, 2377).
1890 ff. Iso- und Allo-Zimtsäure, LIEBERMANN (B. 23, 141, 512, 2510).
1890 Kohlenoxyd-Verbindungen des Nickels und Eisens, MOND (Soc. 749; C. 1890 b, 331).
1890 Magnesium-Alkyle (?), LÖHR (A. 261, 72 [1891]).
1890 Mannose- und Fructose-Synthese, E. FISCHER (B. 23, 370).
1890 Methyl-Heptenon aus Cineol, WALLACH (A. 258, 323).
1890 ,,Reversion'' der Kohlenhydrate, WOHL (B. 23, 2097)[1]).
1890 Terpenylsäure durch Oxydation von Terpin, WALLACH (A. 259, 322).
1890 Tryptophan aus Eiweiß und Trypsin, NEUMEISTER (Z. f. Biologie 26, 329)[2]).
1890 Zentrische Naphthalin-Formel, BAMBERGER (A. 257, 1).

---

[1]) Reversion von revertere = zurückkehren.
[2]) Tryptophan von τρυπάω (trypáo) = ich zerstöre und φαίνω (phaíno) = ich bringe ans Licht.

# Namenregister*)

Abel 54.
Abeljanz 43.
Adam 48.
Afzelius 6.
Agricola 1.
Ahns 19.
Albinus 3.
Altmann 55.
Anderson 29, 32, 37.
d'Arcet 23.
Aronheim 44.
Arppe 29.
Arvidson 6.
Atkinson 50.
Atterberg 46.
Avogadro 16, 20.

Babo 35.
Baeyer 37—44, 46—55.
Balard 26, 28.
Bamberger 54—56.
Barbe 3.
Barbieri 46, 49.
Barth 39.
Bartoletti 2.
Bauhof 14.
Baumann 45, 48, 53.
Baup 17, 22.
Baur 40.
Bayen 6.
Beccari 4.
Beccaria 4.
Béchamp 33, 34.
Becher 2.
Beckmann 52, 54.
Behr 43, 44.
Behrend 54.
Beilstein 40, 43, 49.
Beissenhirz 14.
Benckiser 52.
Beneke 38.
Benthe 45.
Bergmann 6—8.
Bernard 35.
Bernthsen 45, 51.
Bertagnini 34.
Berthelot 23, 33—42, 49.
Berthollet 7—10.
Bertram 52, 54.
Berzelius 8, 11—15, 19, 22—24, 26, 31.
Besson 1.
Biot 14, 15, 24, 27, 32.
Black 5.
Blanchet 20, 21.
Bley 20.

Boerhaave 2, 4, 12.
Boettiger 51.
Bohm 10, 11
Bohn 3.
Bonastre 18, 20, 21.
de Bormes 9.
Bosshard 50—52.
Böttger 29.
Bouchardat 22, 24, 27, 28, 43, 45, 48, 53.
Boudet 20, 24.
Bouillon-Lagrange 10.
Boulduc 4.
Boullay 13, 18, 20.
Bouquet 29.
Boussingault 33.
Boutron 19, 26.
Boyle 2.
Braconnot 14, 15—19, 31.
Brande 16.
Brandes 15, 24.
Brandt 17.
Bredt 49.
Breed 32.
Bremer 48.
Brieger 46, 48, 51, 52.
Brodie 30.
Bromeis 26.
Brown 3, 55.
Brugnatelli 8, 14, 15.
Brühl 49.
Brunn 9.
Brunner 48.
Brunschwig 1.
Buchner 19, 55.
Bucholz 7, 12.
Buckton 36.
Buniva 10.
Bunsen 24, 27.
Bussy 21, 25.
Butlerow 37, 39.

Cadet 5.
Cahn 53.
Cahours 18, 24—28, 30—36, 38, 44.
Cailliot 30.
Camerarius 2.
Cannizzaro 31, 32, 38, 50.
Capitaine 25.
Cardanus 1.
Carius 37, 39, 42.
Carnelutti 50.
Caro 38, 40—42, 44—50.
Caventou 14—16, 27.
Ceresole 49.

Chabrié 55.
Chancel 30, 31, 33.
Chantard 33.
Cherpin 36.
Chevallier 16.
Chevreul 7, 11—15, 17, 20, 22.
Chinchon 12.
Chiozza 32—34.
Chittenden 51.
Cieza 36.
Claisen 48.
Claus 44.
Cloez 33.
Clouet 10.
Clusel 20.
Cohn 36.
Colin 13, 17.
Colley 42.
Combes 53.
Condamine 4.
Conrad 49, 50.
Cordus 1.
Couerbe 20, 23.
Couper 35.
Coupier 42.
Courtenvaux 5, 9.
Crafts 39, 46, 47.
Cramer 39.
Crasso 25.
Croll 2.
Cruikshank 10.
Curtius 50, 52, 54, 55.

Dabit 10.
Dahlström 24.
Daimler 53.
Dale 38, 39.
Dalton 10, 11.
Darcet 22.
Davy 12—14, 23.
Dean 33, 34.
Debray 37.
Debus 34, 35.
Dehoff 55.
Deimann 9.
Delalande 27.
Demarçay 22.
Demuth 55.
Derosne 11.
Desfosses 16, 18.
Dessaignes 32, 34, 35, 38.
Deville 23, 24, 27, 31, 37.
Dewar 42.
Deyeux 9.
Diesbach 3.

---

*) Die Anfertigung der Register verdanke ich meinem jüngsten Sohne Cand. chem. Ernst von Lippmann.

Dioskurides 17, 19.
Dippel 3.
Dittler 44.
Döbereiner 12—14, 16, 18, 20, 21.
Doebner 47, 49, 56.
Dodge 54, 55.
Donath 36.
Döpping 28.
van Dorp 435, 44, 48, 2.
Doveri 29.
Drechsel 41, 54.
Dreher 42.
Dublanc 14.
Dubrunfaut 29, 30.
Duclos 2.
Dufour 11.
Duhamel 4.
Dumas 17—29.
Duppa 35, 36, 39.

Ebelmen 28, 29.
Einhof 11.
Emmerling 42.
Engelhardt 31.
Engler 41, 42.
Erdmann 21, 26, 27, 29, 49.
Erdmann, H. 51.
Erlenmeyer 36, 39, 40, 51.
Ettling 21.

Fahlberg 48.
Fairlie 33.
Faraday 16—18.
Favre 29, 32.
Fehling 28, 30, 38.
Figuier 12.
Fischer, E. 14, 39, 45—48, 50—56.
Fischer, O. 45—47, 55.
Fischer, Sam. 3.
Fittig 38—40, 42, 43, 49, 51, 53.
Fleischer 44.
Fontana 6.
Fourcroy 8—10.
Fownes 20, 28.
Franchimont 43.
Frank 9.
Frankland 29—34, 37, 39.
Frémy 25, 26.
Freund 37, 49.
Friedel 34, 38, 39, 43, 45—47.
Fritzsche 25, 26, 35.
Frobenius 4.
Fuchs 36, 45.

Gabriel 52, 54, 55.
Gädcke 34.
Garden 15.
Garot 17.
Gattermann 55.
Gaubius 5.

Gaudin 20.
Gaultier 13.
Gautier 44, 48.
Gay-Lussac 12—15, 17—19.
Geiger 19, 20.
Gélis 27, 28.
Geoffroy 3—5.
Gerhardt 25—30, 32, 33.
Gerland 33.
Geromont 43.
Gesner 1.
Geuther 39.
Geyger 43.
Giesecke 18.
Girard 36.
Gladstone 39.
Glaser 42, 43.
Glauber 2.
Gmelin 15—18, 30.
Goblet 29.
Gobley 35.
Goldschmidt 50, 52.
Gomèz 12.
Gorup 33, 34, 37.
Gottlieb 28, 29, 31.
Gouthrie 19.
Graebe 25, 40—43, 47, 50.
Green 53.
Gregory 22.
Gren 8.
Griess 35, 38, 40, 42, 44, 46, 47, 49.
Grimaux 44, 45, 47—49.
Grimm 44.
Grote 19.
Groves 44, 46.
Guérin-Varry 21.
Guibourt 13, 16.
Guthzeit 50.

Haarmann 44.
Habermann 42.
Hagedorn 3.
Hahnemann 8.
Hallwachs 35.
Hausen 53.
Hantzsch 49, 55.
Hardy 45.
Hare 37.
Hausmann 8.
Heintz 32.
van Helmont 3.
Hennell 18.
Henninger 43.
Hentschel 54.
Henri 18.
Henry 17, 43, 54.
Hermbstädt 7, 8.
Hepp 53, 55.
Herrmann 46, 50.
Hesse 19, 20, 47.
Heumann 55.
Himly 22.
Hinsberg 50, 51, 53.

Hlasiwetz 34, 39, 40, 42.
van't Hoff 44, 45, 47, 53.
Hofmann, A. W. 27—32, 34—36, 38—46, 49, 51.
Hofmann, F. Chr. 9.
Hofmeister 54.
Homolle 28.
Hoogewerff 48, 52.
Hoppe-Seyler 36, 38.
Horbaczewski 50.
Horsford 15.
Houton 15, 16.
Howard 10.
Hubatka 28.
Huber 42.
Hübler 39.
Humboldt 10, 36.
Hünefeld 23.
Hunt 31.

Irvine 8.
Ittner 11.

Jackson 29.
Jacobsen 43.
Jaffé 46.
Jahn 54.
Jahns 48, 53.
Janny 49, 50.
Jansen 55.
Jobst 24.
John 14, 16.

Kachler 43, 48.
Kahler 19.
Kane 20, 21, 23, 24.
Kast 53.
Kavalier 32, 33.
Kekulé 33—37, 39—41, 43, 44.
Keller 35.
Kern 50.
Kesselmeyer 5.
Kestner 16.
Khunrath 1.
Kidd 15.
Kiliani 48, 49, 52, 53.
Kind 11.
Kirchhoff 12, 13.
Kjeldahl 51.
Klaproth 10.
Knop 40.
Knorr 50, 51, 54.
Kobert 53.
Köchlin 49.
Koenigs 48, 49.
Kolbe 28—31, 33, 35—39, 43, 44, 51.
Koller 36, 51.
de Koninck 22.
Kopfer 47.
Kopp 26.
Körner 38, 40, 42, 44.
Kosegarten 7.

## Namenregister

Kosmann 28.
Kossel 49, 51, 52.
Köstlin 5.
Krafft 49.
Krämer 55.
Kuhlberg 43.
Kunckel 3, 4.
Kühne 40, 47, 51.
Kurbatow 49.
Kutscherow 49.

Laar 52.
Labillardière 15.
Ladenburg 39, 42, 46, 47, 50—52, 54.
Laiblin 48.
de Laire 36.
de Lalande 44.
Lampadius 9.
Lamy 32.
Landolt 14, 31.
Lassaigne 15, 16, 28.
Lassone 7.
Lauraguais 5.
Laurent 20, 22—26, 28—30, 32.
Lautemann 33, 36.
Lauterbach 49.
Lauth 46.
Lauwerenburgh 9.
Lavoisier 6, 8, 9.
Le Bel 47, 56.
Leblanc 28.
Ledderhose 45.
Leeuwenhoek 3.
Lefebvre 2.
Lehmann 55.
Leidenfrost 9.
Leigh 27.
Leméry 3.
Leroux 19.
Leuchs 15.
Lewkowitsch 50.
Libavius 2, 22.
Lieben 35, 41.
Liebermann 25, 41, 44, 45, 47, 53, 56.
Liebig 17, 19, 20—30.
Liebreich 41.
Lightfoot 38.
Limpricht 34, 39, 41, 42.
Linné 27.
Linnemann 38.
Lippmann 12, 47, 55.
Loew 48, 52, 53.
Löhr 56.
Loiseau 46.
Long 29.
Loschmidt 37.
Lossen 39, 40, 43, 45.
Löwig 20, 21, 23, 25, 26, 31—33.
Lowitz 7, 9.
de Luca 34.

Ludolf 4, 7, 9.
Lull 1.

Macaire 17.
Macquer 5.
Magendie 14.
Magnes 12.
Magnus 21.
Maitland 26.
Malaguti 23, 25, 29.
Mansfield 30.
Maquenne 53.
Marcet 14, 17.
Marggraf 4, 5.
Marignac 23, 27.
Markownikow 40, 55.
Martius 40.
Medicus 44.
Mein 19.
Meissner 16.
Meldola 48.
Melsens 27.
Mendius 37.
Méne 37.
Menschutkin 46, 48.
Merck 52.
Mering 50.
Merz 38, 49.
Meslans 55.
Meyer, Fr. 5.
Meyer, H. 48.
Meyer, V. 41, 43, 45, 47, 49, 50, 53—55.
Michael 48.
Michaelis 45, 53.
Mielek 42.
Millon 30.
Minderer 2.
Minkowski 51.
Mitscherlich 20—22, 25—27.
Model 4.
Moissan 54.
Mond 56.
Monnet 5.
Monro 5.
Montgolfier 48.
Morin 49, 50.
Morris 55.
Mortimer 4.
Morveau 8.
Mulder 23—25.
Müller 39, 48, 49.
Müller, Ph. 2.
Muspratt 29.
Mylius 51.
Mynsicht 2.

Nägeli 35, 50.
Navier 4, 5.
Nencki 45, 46.
Neumann 3.
Neumeister 56.
Nicot 12.
Niemann 36.

Nietzki 46, 49, 52.
Nöldecke 42.
Nostradamus 1.
Nostredame 1.
Noyes 55.

O'Brien 9.
Odier 17.
Oefele 39.
Oersted 15.
Oppenheim 37, 43.
Oppermann 19, 23.
Oseretskowsky 6.
Ostwald 54.
Otto 42, 49.
Oudry 18.

Pagenstecher 22, 23.
Paracelsus 1, 7.
Passmore 54.
Pasteur 22, 30, 32—35.
Payen 21, 25.
Péan St.-Gilles 38.
Pebal 37.
Pechmann 51, 53.
Pedemontanus 1.
Péligot 21, 22, 24, 25, 49.
Pelletier 14—17, 20, 21, 23, 24, 27.
Pelouze 19—28.
Pentz 15.
Penzoldt 50.
Perkin 34—36, 41, 42, 45, 47, 51.
Personne 42.
Persoz 21, 38.
Peschier 16.
Pesci 52.
Peters 1.
Petersen 44.
Petraczek 50.
Pfaff 17.
Pfeffer 46.
Pierre 29.
Pinner 43, 51, 52.
Piria 24, 29, 30, 32, 34.
Piutti 52.
Plantamour 25.
Playfair 31.
Plinius 19.
Plisson 18.
Porret 12.
Porta 2.
Posselt 19.
Pott 4, 5.
Price 31.
Priestley 5, 6, 10.
Proust 11, 15.
Prout 15, 18.
Prudhomme 46.
Prunier 47.

Railton 33.
Ralla 1.
Ramsay 46.

Raoult 50.
Redtenbacher 27, 29.
Regnault 22, 25.
Reichenbach 19, 20, 21.
Reimann 19.
Reimer 45.
Reinsch 25.
Reischauer 51.
Remsen 45.
Renard 51.
Reynolds 42.
Rey-Pailhade 54.
Riche 32.
Richter 9.
Rink 11.
Ritter 34.
Ritthausen 40, 43.
Robiquet 11, 12, 14, 16, 17, 19, 20, 23.
Rochleder 28, 30, 32, 33.
Rohde 42.
Römer 43.
Roosen 54.
Roscoe 38.
Rose 11.
Rose, Val. 10.
Rosenstiehl 41.
Rosentaler 12.
Rossi 1, 38, 41.
Rouelle 6.
Roulin 33.
Roussin 37, 46.
Rubeus 2.
Rügheimer 50.
Runge 16, 21, 22.
Ruscelli 1.

Sala 2.
Salomon 49.
Sandmeyer 51—53.
Sandras 28.
Saussure 11, 13—16, 18, 22.
Savary 6.
Saytzew 39, 44.
Scheele 5—8.
Scheibler 40, 41, 43.
Scheidig 45.
Scherer 31, 35.
Schiel 27.
Schiendl 41.
Schiff 39.
Schischkow 35, 37.
Schlieper 29.
Schlippe 35.
Schloßberger 28.
Schmidt 28, 37, 38.
Schmiedeberg 48.
Schmitt 36.
Schmoeger 49.
Schödler 23.
Schönbein 29.
Schorlemmer 39, 41.
Schrader 10, 11.
Schraube 46.

Schüle 33.
Schultz 49.
Schultze, C. H. 24.
Schulze 46, 47, 49—53.
Schunck 30, 33.
Schützenberger 45.
Schwanert 36, 41.
Schwann 23.
Schwarz 33.
Schweizer 26, 28, 31.
Seebeck 14.
Seguin 9, 10.
Seignette 3.
Sell 20, 21.
Selmi 42.
Semmler 55.
Sennhofer 48.
Serres 2.
Sertürner 11, 14.
Serullas 17, 18.
Seuberlich 46.
Shadwell 48.
Silbermann 29, 32.
Silva 43.
Simon 25.
Simpson 29, 35, 37.
Skraup 48, 49, 52.
Sobrero 27, 29.
Sokoloff 35.
Sonnenschein 32.
Soubeiran 18, 19, 25, 26.
Spiegel 49.
Spielmann 6.
Spilker 55.
Spitzer 48.
Städeler 31.
Stahl 3, 4.
Stas 25, 26.
Steiger 53.
Stenhouse 30, 46.
Stohmann 48.
Stone 54.
Strecker 30, 31, 33, 35, 37, 38, 41.
Stüber 43.
Suida 47.

Taddei 16.
Tafel 53.
Taylor 13.
Tennant 9.
Than 40.
Thénard 10—13, 28.
Thibierge 15.
Thomsen 40.
Thomson 11.
Tiedemann 17, 18.
Tiemann 44, 45.
Tilden 44, 48, 50.
Tollens 39, 45, 54, 55.
Trommer 25, 26.
Trommsdorff 21.
Troostwyk 9.
Turquet de Mayerne 2.

Unger 29.
Unverdorben 17.

Valentin 28.
Varrentrapp 26.
Vauquelin 9—15.
Velguth 40.
Verguin 36.
Vigenère 2.
Voelkel 25, 33.
Vogel 13, 14, 16, 26, 51.
Vogt 43.
Voiry 53.
Volhard 38, 41.
Volta 5, 6.

Wackenroder 19.
Wallach 51, 52, 54—56.
Walter 21, 23—25.
Wanklyn 35, 40.
Warren de la Rue 29.
Weddige 53.
Weidel 48.
Weidmann 26.
Weith 49.
Welter 10.
Wenzel 7.
Weppen 27.
Werner 55.
Wertheim 28, 32.
Wheeler 55.
Wiedemann 30.
Wiegleb 5, 6.
Wiggers 19.
Wilbrand 39.
Wilhelmy 31.
Will 26, 29.
Williams 37.
Williamson 31—33.
Winckler 19, 20.
Winkler 53.
Winther von Andernach 2.
Wischnegradsky 47.
Wislicenus 38, 41—44, 53, 54.
Witt 44—46, 48, 51.
Wohl 54, 56.
Wöhler 16—18, 20, 23, 24, 26—28, 30, 33, 34, 37, 39.
Wollaston 12.
Woodhouse 10.
Woodward 3.
Woskresensky 24, 27.
Wray 3.
Wreden 46.
Wunderlich 52.
Wurtz 30, 33—37, 39, 40, 43.

Zeise 16, 21.
Zenneck 18.
Zincke 43.
Zinin 27, 28, 34.
Zürrer 52.
Zwenger 25.

# Sachregister

Abietinsäure 17.
Absinthöl 1.
Absorption 6, 7, 12.
Acenaphten 39, 40.
Acetal 20.
Acetanilid 32, 53.
Acetessigester 39.
Acetessigester-Synthesen 43.
Acetessigsäure 49.
Acetochlor-Glykose 42.
Acetol 43.
Aceton 2, 4, 11, 17, 19, 20, 24.
Acetondicarbonsäure 51.
Acetonitril 22, 29.
Acetophenon 34.
β-Acetopropionsäure 42, 45.
Acetyl 24.
Acetyl-Aceton 53.
Acetyl-p-Anidophenetol 53.
Acetylen 23, 36, 37, 39.
Aconitin 20.
Aconitsäure 16, 18, 22, 24, 25.
Acridin 42.
Acrolein 24, 27.
Acrylsäure 27.
Adenin 51, 52.
Adipinsäure 41.
Affinitätsgrößen 54.
Aktivität, optische 14, 22, 27, 28, 30, 32.
Akrosen 53.
Alanin 31.
Albumin 16 (s. Eiweiß).
Albumin, krystallisiertes 36, 54.
Albumosen 40, 51.
Aldehyd 12, 16, 20, 22, 31, 32, 34, 49.
Aldehyd-Alkohole 37, 38.
Aldehyd-Ammoniak 20.
Aldehydgrün 36.
Aldehyd-Reaktion 39, 50.
Aldehyd-Säuren 37.
Aldol 43.
Aldoxime 49.
Aliphatische Verbindungen 36.
Alizarin 17, 41, 44, 45.
Alizarinblau 46.
Alizarin-Glykosid 18, 30.
Alkali, mineralisches 5.
Alkalien in Salzen 5.
Alkaloide 27, 47.
Alkohol 8, 12, 14, 16, 18, 33.
Alkohol, absoluter 1, 9.
Alkohole aus Aldehyden 37, 39.
Alkohol aus Milch 6.
Alkohole, höhere 49.

Alkohole, mehratomige 34.
Alkohole, mehrwertige 33.
Alkohole, primäre, sekundäre, tertiäre 36, 38, 39.
Alkoholformel 20.
Alkohol liefert bei Verbrennung Wasser 3, 4.
Alkohol-Säuren 37.
Alkylamine 27, 30.
Alkylcyanide 21.
Alkyl-Hydrazine 47.
Alkyl-Hydroxylamine 45.
Alkyl-Tetrazone 47.
Allantoin 10, 30, 45, 50.
Allotropie 26.
Alloxan 8, 14, 24.
Alloxantin 24.
Allo-Zimtsäure 56.
Allylalkohol 34.
Allylsulfid 28.
Aluminium-Alkyle 35, 36.
Ameisenöl 4.
Ameisensäure 3, 4, 16, 19, 20, 34.
Ameisensäure-Äther 6, 7.
Amide aus Ketoximen 52.
Amide, primäre usw. 32.
Amide-Umsetzung 29, 30.
Amidoazobenzol 37.
o-Amidobenzoesäure 26.
Amidobernsteinsäure 37.
Amidonaphtole 44.
Amidonaphtol-Sulfosäuren 49.
Amine aus Amiden 49.
Amine aus Nitrilen 37.
Amine, primäre usw. 54.
Aminoaldehyd 54.
Amino-Isovaleriansäure 34.
Aminopropionsäure 31.
Ammonium-Acetat 2, 8.
Ammoniumbasen, alkylierte 31.
Amygdalin 11, 19, 23.
Amylalkohol 28, 47.
Amyl-Verbindungen 24.
Analogie, Kohlenstoff und Silicium 39.
Anethol 1, 27.
Anhydride, gemischte 32.
Anhydride organischer Säuren 32.
Anilide 28.
Anilin 17, 21, 25, 27, 28, 33, 40.
Anilinblau 36, 38.
Aniline, alkylierte 30.
Anilinfarbstoff 34.
Anilingelb 37.

Anilinöle 27.
Anilinrot 38.
Anilinschwarz 38, 46.
Anilinviolett 36.
Anisaldehyd 28.
Anisol 26.
Anisöl 1, 16.
Anthracen 20, 22, 37, 39, 43.
Anthrachinon 23, 25, 41, 43, 44.
Anthrachinon-Formel 43.
Anthrachinon-Sulfosäure 41.
Anthragallol 46.
Anthranilsäure 26.
Anthrapurpurin 42.
Antifebrin 53.
Antimon-Alkyle 31.
Antimonbutter 1, 7.
Antimonchlorid 7.
Antimon-Trimethyl 31.
Anti- und Syn-Formen 55.
Antipyrin 50, 51.
Apfelsäure 5, 7, 14, 15, 36, 48.
Apfelsäure-Äther 11.
Arabinose 40, 43, 53.
Arbutin 32.
Arginin 52, 53.
Aromatische Körper 36.
Asparagin 11, 37.
d-Asparagin 52.
Asparaginsäure 18.
Asymmetrie 30, 35.
Äthal 13.
Äthan 39.
Äther 1, 4, 9, 10, 16, 29.
Ätherbildung 18, 31.
Äthereum-Theorie 21.
Äther-Formel 21.
Äther, gemischte 31.
Ätherin-Theorie 18.
Ätherschwefelsäure 45.
Äthyl 21.
Äthyl-Butyl 34.
Äthylen 2, 9, 17, 18, 33.
Äthylenchlorid 9.
Äthylendiamin 33, 35.
Äthylenimin 54.
Äthylenjodid 16.
Äthylenoxyd 35.
Äthyliden 35.
Äthylphosphorsäure 16, 20.
Äthylschwefelsäure 10, 11, 18.
Äthylsulfid 21.
Äthyl-Superoxyd 49.
Äthyl-Theorie 20.
Äthylwasserstoff 39.
Atomgewicht C = 12, 25.
Atome, mehrwertige 36.
Atomverkettung 35, 36.

## Sachregister

Atropin 12, 15, 19, 21, 47, 50.
Auramin 50.
Aurin 47.
Aussalzen 4.
Azide 55.
Azobenzol 20.
Azoxybenzol 28.
Azofarbstoffe 37, 40, 45, 46.
Azophenylen 44.
p-Azoxyphenol 55.

Barbitursäure 38, 47.
Baumwollfarbstoff 51.
Benzaldehyd 20, 38.
Benzaldoxime 50.
Benzamid 20.
Benzhydrazid 55.
Benzidin 28, 38, 49.
Benzil 23.
Benzildioxime 50.
Benzoesäure 1—3, 6, 20, 32.
Benzoesäure-Äthylester 7.
Benzoesäure-Ester 20.
Benzoesäure-Sulfinid 48.
Benzoin 20.
Benzol 17, 20, 21, 27, 28, 30, 39, 55.
Benzolformel, zentrische 54.
Benzol-Hexachlorid 16, 22.
Benzolsulfosäure 20.
Benzoltheorie 39.
Benzonitril 26.
Benzophenon 21.
Benzoylchlorid 20.
Benzoyl-Hydrazin 55.
Benzoyl-Verbindungen 20.
Benzylalkohol 32.
Benzylamin 37.
Benzylchlorid 32, 40.
Benzylcyanid 32.
Bergamottöl 3.
Berliner Blau 3—5.
Bernsteinsäure 1—3, 5, 13, 14, 35, 36.
Bernsteinsäure-Anhydrid 22.
Bernsteinsäure-Nitril 37.
Beryllium-Alkyle 44.
Betain 41.
Biebricher Scharlach 46, 48.
Bindung, doppelte und dreifache 39.
Birotation 29.
Bisäthylsulfon-Propan 53.
Bismarckbraun 40.
Bisulfit-Verbindungen 32.
Bittermandel-Wasser 10.
Biuret 30.
Blausäure 6—8, 10—12, 19.
Blausäure, wasserfreie 11.
Blei-Alkyle 33, 36.
Blutlaugensalz 4, 5, 8, 16.
Blutlaugensalz, rotes 16.
Borneol 25, 26.
Bornylchlorid 11.

Borsäure-Ester 29.
Bor-Trimethyl 37.
Brasilin 11.
Brechweinstein 2, 6.
Brenzkatechin 25, 44.
Brenzschleimsäure 15.
Brenztraubensäure 23, 24, 26.
Bromacetyl 22.
Bromäthyl 18.
Bromcyan 18.
Brommethyl 27, 29.
Bromoform 20, 21.
Brucin 14.
Buttersäure 17.
Buttersäure-Gärung 27.
n-Butylalkohol 41.
Butylen 17.
Butyrolacton 44.

Cadaverin 51.
Cadmium-Alkyle 33.
Caffein 16, 17, 24, 37.
Calciumcarbid 37.
Camillenöl 2.
Camphen 19, 23, 48.
Campher 3, 16, 23, 32.
Campher, künstlicher 11.
Campheroxim 50.
Camphersäure 7, 33.
Camphoronsäure 43.
Cantharidin 12.
Caprinsäure 13.
Capronsäure 13.
Carbazol 43.
Carbylamine 40.
Carmin 14.
Carminsäure 29.
Carotin 19.
Carthamin 11.
Carvacrol 26, 44, 48.
Carven 25.
Carvol 25.
Carvon 26, 33, 52.
Caseïn 12, 15, 36.
Cedernöl 5.
Cellulose 15, 18, 25.
Cerin 30.
Cerosyl 27.
Cetylalkohol 13.
Chemie, organische 11, 27, 36.
Chinabasen 27.
Chinaldin 49.
Chinasäure 8, 9, 11, 48.
Chinazolin 42, 53, 55.
Chinin 14.
Chinizarin 44.
Chinolin 21, 27, 42, 48.

Chinon 24, 46.
Chinonformel 40.
Chinoxalin 50, 51.
Chitin 17.
Chlor-Acetyl 25, 32, 34.
Chloral 21.
Chloralhydrat 21, 42.
Chloraluminium 46.
Chloranil 27.
Chloräthyl 1, 2, 4, 5, 7, 9, 16.
Chlorcyan 8, 9, 13, 18.
Chlorkohlenoxyd 12.
Chlormethyl 22.
Chloroform 19, 21, 29.
Chlorophyll 15, 23, 48.
Chlorpikrin 30.
Chlor-Substitution 13, 24, 25.
Choleinsäure 11.
Cholesterin 8, 13, 15, 38.
Cholesteryl-Benzoat 55.
Cholin 30, 38, 40.
Chrysanilin 38.
Chrysarobin 47.
Chrysen 24.
Chrysoidin 44, 46.
Chrysoine 46.
Chrysophansäure 28, 45.
Cinchonin 12, 14.
Cineol 33.
Cis-Trans-Formen 54, 55.
i-Citral 55.
Citronellal 55.
d-Citronellol 54.
Citronenöl 1, 21.
Citronensäure 7, 48.
Citronensäure-Äther 11.
Cocain 34, 36, 39, 51, 52.
Codein 20, 49.
Coffein s. Caffein.
Colchicin 20, 39.
Collidin 29, 41.
Coniferin 44.
Coniin 18, 19.
d-Coniin 52.
Coriandrol 50.
Cotarnin 28.
Crotonsäure 15, 35, 38.
Cumarin 13, 14, 16, 28, 41.
Cumarsäure 27.
Cuminol 26.
Curarin 33.
Cyan 13, 17.
Cyanamid 18, 21, 31.
Cyan-Benzol 51.
Cyanide 29.
Cyankalium 18.
Cyanmethyl 29.
Cyanquecksilber 7.
Cyansäure 16, 17.
Cyanursäure 6, 16, 55.
Cyclohepton 55.
Cyclohepton-Carbonsäure 49.
Cyclohexan 46.
Cymol 20, 26, 27, 43.

# Sachregister

Cystin 12.
Cytase 55.

Dampfdichten-Bestimmung 17, 41, 47.
Desmotropie 53.
Destillation, fraktionierte 17, 24.
Dextrin 21.
Diacetyl 53.
Dialursäure 24.
Diamant 9, 13, 21.
Diamido-Azobenzol 44.
Diamino-Capronsäure 54.
Diamino-Valeriansäure 46.
Diastase 8, 13.
Diäthyl-Barbitursäure 50.
Diazoamidobenzol 38.
Diazo-Äthansulfosäure 48.
Diazoessigester 50.
Diazo-Essigsäure 54.
Diazofarbstoffe 46.
Diazogruppe 40.
Diazogruppe-Umsetzungen 55.
Diazo-Verbindungen 35, 45.
Diazoverbindungen der Fettreihe 52.
Dibenzoyl 38.
Digitalin 28.
Dihydro-Naphtalin 41.
Dimethyl 30, 39.
Dimethyläther-Hydrochlorid 45.
Dimethylsulfat 22.
Dinitro-Naphtalin 40.
Dinitronaphtol-Sulfosäure 48, 49.
Dioxindol 40.
Dioxymethyl-Anthrachinon 45.
Dioxy-Naphtochinon 37.
p-Dioxyterephtalsäure 46.
Dipenten-Tetrabromid 51.
Diphenyl 24, 30, 38.
Diphenyl-Acetylen 41.
Diphenylamin 39.
Diphenyl-Äthylen 29.
Diphenyl-Harnstoff 31.
Diphenylketon 21.
Diphenyl-Quecksilber 42.
Diphenylsulfon 20.
Dippels Öl 3.
Dipropargyl 43.
Di-Äthylen-Diamin 35.
Drehung (optische) s. Aktivität.
Drehung, spezifische 15, 22, 24.
Druck, osmotischer 46, 53.
Dulcit 23, 43.

Echtrot 47.
Eisessig 9.

Eiweiß 16, 45.
Eiweiß in Pflanzen 6, 9.
Eiweiß, kristallisiertes 36, 54.
Elaidinsäure 20.
Elementaranalyse 8, 10—13, 18, 24, 32, 42, 47.
Ellagsäure 15.
Emetin 14.
Emodin 45.
Emulsin 14, 18, 23.
Endo- und exothermische Reaktionen 42.
Enzyme 47.
Eosin 44.
Erdöl 14, 21, 49.
Ergotin 19.
Erythrit 30, 32.
Essigäther 5, 7, 11.
Essiggärung 14.
Essigsäure 3, 4, 8—10, 12—14, 18, 28, 32, 33, 35.
Ester 30.
Esterbildung 38, 48.
Esterbildungs-Gesetze 46.
Eucalyptol 33.
Eudiometrie 6.
Eugenol 18, 21.

Farbe und Konstitution 41.
Farbstoffnatur 45.
Farbstoff, roter 27.
Fäulnis 42, 44.
Fehlingsche Lösung 30.
Fenchelöl 1.
Fenchon 55.
Ferricyankalium 16.
Ferrocyankalium s. Blutlaugensalz.
Fette 7, 12, 13, 25, 33, 36.
Fibrin 12, 25.
Flavopurpurin 42.
Fleisch-Milchsäure 11, 31, 40.
Fluoräthyl 7, 25, 54.
Fluoren 40.
Fluorescein 43.
Fluormethyl 22.
Fluor-Methylen 55.
Fluoroform 55.
Formaldehyd 42, 54.
Formaldehyd in der Pflanze 42.
Formeln, graphische 36.
Formeln mit Bindestrichen 35.
Formose 52, 53.
Fruktose 9, 30, 49, 52, 56.
i-Fruktose 53.
Fuchsin 36, 39, 42.
Fumarsäure 14, 15, 17, 19, 22, 23, 37, 45.
Furan 42, 46.
Furol 20, 28, 54.
Fuselöl 8, 24.

Galaktose 34.
Gallocyanin 49.
Gallussäure 8, 22.
Gärung 6, 14, 18, 26, 27, 28, 33, 35, 49, 53.
Gärung, schleimige 18.
Gärungs-Milchsäure 31, 40.
Gärungs-Theorie 25, 28, 34.
Gas, ölbildendes 9.
Gefrierpunkts-Erniedrigung 50.
Geraniol 40, 43, 55.
Gerbsäure 9, 10, 21.
Germanium-Alkyle 53.
Gleichwertigkeit der sechs H-Atome 42.
Gleichwertigkeit der sechs C-Atome 46.
Gleichwertigkeit der Valenzen 54.
Gliadin 16, 43.
Globulin 26.
Glutamin 46, 50.
Glutaminsäure 40.
Glutencasein 43.
Glutenfibrin 43.
Glyceride 33.
Glycerin 7, 13, 34, 35, 43, 49.
Glycerin-Phosphorsäure 28, 29.
Glycerinsäure 35, 50.
Glycerin-Schwefelsäure 23.
Glycerin-Trinitrat 33.
Glycyrrhizin 12.
Glykogen 35.
Glykokoll 15, 35.
Glykol 34.
Glykolaldehyd 43.
Glykolsäure 30, 34, 36, 49.
Glykonsäure 42, 48.
Glykosamide 32.
Glykosamin 45.
Glykose 2, 9, 12—15, 18, 24, 30, 38, 55.
Glykose-Hydrazon 53.
Glykoside 23—25, 32.
Glykuronsäure 48.
Glyoxal 34.
Glyoxalin 35.
Glyoxim 50.
Graphit 6, 7.
Guajakol 17, 27.
Guanidin 37, 41.
Guanin 29, 52.
Gummi 18.

Halogen-Benzole 51.
Halogen-Bestimmung 39.
Halogene, Erkennung 43.
Hämatin 17.
Hämatoxylin 11, 12.
Hämoglobin 38.
Harnsäure 6, 10, 44, 50, 54.
Harnsäure-Derivate 38.

## Sachregister

Harnstoff 6, 9, 10, 30.
Harnstoffe, alkylierte 30.
Helianthin 46.
Helicin 48.
Heliotropin 42.
Hexachlor-Äthan 16.
Hexachlorbenzol s. Benzol-Hexachlorid.
Hexahydrobenzol 46.
Hexahydro-Phtalsäure 55.
Hexahydro-Terephtalsäure 54.
n-Hexan 41.
Hexaoxy-Anthrachinon 23.
Hexaoxybenzol 52.
Hippursäure 6, 10, 19, 34.
Hofmanns Violett 38.
Holzkohle 7.
Homologie 27.
Honigstein 10.
Hydantoin 37.
Hydrazide der Säuren 54.
Hydrazobenzol 38.
Hydrazone 51, 54.
Hydroaromatische Verbindungen 41.
Hydrochinon 27, 44.
Hydromellithsäuren 45.
Hydroxamsäuren 43.
Hyoscyamin 15.
Hypoxanthin 31, 52.

Imidazol 35.
Imido-Äther 51.
Inden 55.
Indican 34.
Indigo 9, 25, 42, 45, 49, 50, 55.
Indigo-Formel 51.
Indigoweiß 27.
Indol 40, 42, 46, 52.
Indophenol 45.
Indoxyl-Glykosid 34.
Indoxylschwefelsäure 48.
Induline 38, 55.
Inosinsäure 30.
Inosit 31, 53.
Inulin 11.
Inversion 26, 31.
Invertin 26, 36.
Invertzucker 30.
Isäthionsäure 21.
Isatin 26, 47, 48.
Isatosäure 51.
Isoborneol 48.
Isobuttersäure 29, 38, 39, 40.
r-Isobutyl-Propyl-Äthyl-Methyl-Ammonium 56.
Isobutyl-Senföl 44.
Isochinolin 52.
(Iso-) Leucin 34.
Isomaltose 56.
Isomerie 17—19.
Isomerie, geometrische 44.
Isonitrile 40.

Isophtalsäure 40, 56.
Isopren 37, 45, 50.
Isopropylalkohol 34, 38.
Iso-Valeriansäure 14, 15, 19, 21.
Iso-Zimtsäure 56.
Itaconsäure 16.

Jodacetyl 22.
Jodallyl 34.
Jodäthyl 13, 15, 16.
Jodcyan 14, 16.
Jodmethyl 22.
Jodoform 17, 21.
Jodstärke 13.
Jodverbindungen, organische 31.
Jodviolett 38.
Juglon 51.

Kaffeesäure 40.
Kakodyl 5, 24, 31.
Kaliapparat 19.
Kalischmelze 25.
Kalium-Acetat 2.
Kalium-Ammonium-Tartrat 3.
Kalium-Äthyl 35.
Kalium-Oxalat 2, 6.
Kaliumoxalat, neutrales 8.
Kalium-Tartrat 3.
Katalyse 22, 23, s. Kontakt.
Kautschuk 4, 5, 22, 36, 48.
Kautschuk, künstlicher 45.
Ketone 30, 32, 49.
Ketonalkohol 52.
Keto-Pentamethylen 54.
Ketoxime 49.
Kieselsäure-Ester 28.
Kleber 4, 5, 13, 16, 43.
Kleesalz 2.
Knallquecksilber 3, 10.
Knallsäure 17.
Knochenkohle 12.
Kohle 6.
Kohlenhydrate 28.
Kohlenoxyd 6, 7, 10.
Kohlenoxyd-Kalium 17, 23, 52.
Kohlenoxyd-Verbindungen 56.
Kohlenoxysulfid 40.
Kohlensäure 5, 6, 8, 13.
Kohlenstoff, vieratomig 34.
Konfiguration 52.
Kongorot 51.
Konstitutionsformeln 37.
Kontaktsubstanzen 43, 46, s. Katalyse.
Kontaktwirkung 22.
Korksäure 8, 10.
Körper, organische 6.
Krapplack 5.
Kreatin 20, 22, 30, 41.

Kreatinin 30.
Kreosot 20.
Kresol 31.
Kristalle, fließende 55.
Kristallisation, fraktionierte 17.
Krokonsäure 17.
Kupferlösung 25, 26.
Kupferstaub 43.

Lactame 50.
Lactime 50.
Lacton 44, 49.
Lauths Violett 46.
Lavendelöl 1, 24.
Lävulinsäure 42, 45.
Lebenskraft 17.
Lecithin 41.
Legumin 11, 18.
Leinölsäure 24.
Leucin 15, 34.
Leukanilin 38.
Lichtbrechung 39, 49.
Limonen 45, 51.
d-Limonen 52.
r-Limonen-Tetrabromid 51.
Linalool 49, 50.
α-Linalool 33.
Löslichkeit von Salzen 7.
Luft, fixe 6.
Lutidin 29.
Lysin 54.

Macisöl 2.
Magdalarot 41.
Magnesium-Alkyle 56.
Malachitgrün 47.
Maleïnsäure 14, 18, 22, 37, 45.
Malonsäure 35, 39.
Malonsäureester-Synthesen 49.
Maltose 15, 30.
Mandelsäure 20, 50.
Mannit 11, 36, 38.
Mannitose 37.
Mannose 37, 53, 56.
Margarinsäure 13, 32.
Martiusgelb 40.
Mauvein 34.
Mekonin 14, 20.
Mekonsäure 14.
Mellithsäure 10.
Menthen 24, 25.
Menthol 5, 20, 21, 37.
Menthon 50, 54.
Mercaptan 21.
Mesaconsäure 31.
Mesit-Alkohol 24.
Mesitöl 20.
Mesitylen 20, 24, 40.
Mesoxalsäure 24.
Metapektinsäure 25.
Methan 5, 6, 8, 34, 39.
Methan-Tricarbonsäure 50.

## Sachregister

Methyl 27.
Methylal 23.
Methylalkohol 2, 13, 22, 35.
Methyläther 21.
Methyl-Cyclohexan 51.
Methyl-Dioxy-Anthranol 47.
Methylenblau 45, 47.
Methylenitan 37.
Methyl-Glyoxal 53.
Methyl-Heptenon 56.
Methylierung, erschöpfende 49.
β-Methylindol 46.
Methylorange 46.
Mikroskop 4.
Milchsäure 7, 11, 31, 35, 36, 38, 40, 42, 44, 50.
Milchsäure-Gärung 26, 28.
Milchzucker 2, 7.
Milchzucker-Modifikationen 49.
Milchzuckersäure 7.
Moleküle 30.
Molekulargewicht 50, 53.
Monochloressigsäure 9, 28.
Morphin 11, 14.
Morpholin 54.
Moschus (Harz) 5.
Mucedin 43.
Mucin 22.
Murexid 15, 24.
Muskatnußöl 2.
Myricin 30.
Myronsäure 25.
Myrosin 25.

Nährstoffe 18.
Namengebung, neuere 8.
Naphtalin 15, 19, 20, 39, 40, 44.
Naphtalin-Azofarbstoffe 46.
Naphtalin-Dicarbonsäure 44.
Naphtalin-Formel 41.
Naphtalin-Formel, zentrische 56.
Naphtalinrot 41.
Naphtalinsulfosäure 17.
Naphtalinsulfosäure-Azonaphtol 47.
Naphtazarin 37.
Naphtene 49.
Naphtochinoline 49.
Naphtochinon 41.
α-Naphtochinon 44.
β-(o)-Naphtochinon 46.
α- und β-Naphtoesäure 38.
α-Naphtol 40, 51.
Naphtolblau 45, 48.
Naphtolgelb 48, 49.
β-Naphtolorange 46.
α-Naphtylamin 27.
β-Naphtylamin 45, 49.
Naphtylamin-Sulfosäuren 32.
Narcein 20.

Narcotin 14.
Natrium-Acetat 4, 5.
Natrium-Äthyl 35.
Nelkenöl 1, 2.
Neutralisation 7.
Nicotin 12, 19, 28.
Nicotinsäure 48.
Nicotinsäure-Methylbetain 53.
Nitrile 29.
Nitrile aus Aminen 51.
Nitroäthan 43.
Nitro-Äthylalkohol 55.
Nitro- aus Amino-Gruppen 53.
Nitrobenzoesäure 25.
Nitrobenzol 20, 22.
Nitrocellulose 29.
Nitrochloroform 30.
Nitroform 35.
Nitroglycerin 29, 33.
Nitrolsäuren 45.
Nitromethan 43.
Nitrophenole 26, 31, 35.
Nitroprusside 31.
Nitrosate der Terpene 54.
Nitrosite der Terpene 54.
Nitrosobenzol 44.
Nitrosochloride der Terpene 44, 54.
Nitrozimtsäure 25.
Nuclein 26, 49.
Nucleinsäuren 55.

Octodecyl-Alkohol 49.
Öl der holländischen Chemiker 9.
Öle, ätherische 1—4, 6, 16, 25, 52.
Oleinsäure 13, 26.
Öle liefern bei Verbrennung Wasser 6.
Oleum vitrioli dulce 1.
Ölsäure 29.
Ölsüß 7.
Önanthylsäure 23.
o-, p-, m- 40, 44.
Opiansäure 28.
Opium 11, 14.
Orangenöl 1, 26.
Orcin 19, 43.
Ornithin 46.
Ortsbestimmung 39, 44.
Osazone 51, 53.
Oxalsäure 5—8, 14, 17, 19, 41.
Oxalsäure-Äther 8.
Oxamid 14.
Oxaminsäure 26.
Oxime 50.
Oxindol 40, 47.
Oxyaldehyde 45.
m-Oxybenzoesäure 33.
p-Oxybenzoesäure 39.
β-Oxybuttersäure 51.
Oxynaphtochinon 51.

Oxypropionsäure 35.
Oxysäuren 33.
γ-Oxysäuren 49.

Palmitinsäure 32.
Pankreatin 17, 28.
Parabansäure 24, 44.
Paraffin 19.
Pasteurisieren 7.
Pektine 17, 25.
Pektinsäuren 17.
Penta-Methylendiamin 51.
Penta-Methylen-Derivate 51.
Pentose 53, 55.
Pepsin 23, 26.
Peptone 40, 51.
Peptone in Pflanzen 49.
Pfefferminzöl 21, 24.
Pfefferöl 1, 2.
Pflanzen-Casein 11, 26.
Pflanzen-Fibrin 16.
Pflanzensäuren 4, 5.
Phellandren 27, 52.
Phenacetin 53.
Phenacin 44.
Phenanthren 43.
Phenol 21, 26, 27, 31, 36, 40.
Phenolglykosid 48.
Phenolphtalein 43.
Phenolsulfosäure 26.
Phenyl 23.
Phenylalanin 50, 51.
Phenyl-Aminoproprionsäure 50, 51.
Phenylarsine 45.
Phenyl-Dimethyl-Pyrazolon 51.
Phenylenbraun 40.
Phenylendiamine 44.
Phenyl-Harnstoff 31.
Phenylhydrazin 45.
Phenylhydrazin-p-Sulfosäure 43.
Phenylphosphine 45.
Phenylpropionsäure-Nitril 44.
Phenylsenföl 35.
Philothion 54.
Phloridzin (Phlorrhizin) 22, 25.
Phloroglucin 34, 53.
Phosphine 35, 43.
Phosphinsäuren 43.
Phosphonium-Verbindungen 35, 43.
Phosphorbestimmung 42.
Phosphor im Gehirn 13.
Phosphor im Käse 9.
Phosphor in Pflanzen 3.
Phosphor im Protein 24.
Phosphorsäure-Ester 28.
Phosphorigsäure-Ester 33.
Phtaleine 43.
Phtalsäure 23.
Physikalische Chemie 26.

## Sachregister

Phytosterin 47.
Picolin 29, 41.
Pikrinsäure 8, 10, 26.
Pikrotoxin 13.
Pilocarpin 46.
Pinen 51.
Pinen-Chlorhydrat 11.
Pininsäure 17.
Piperazin 33, 54.
Piperidin 28, 33, 35, 49, 51, 52.
Piperin 15, 50.
Piperinsäure 35.
Piperonal 42.
Plasma 24.
Polarimeter 27.
Polarisation s. Aktivität.
Polyamine 35.
Polymerie 19.
Polypeptide 50.
Primulin 55.
Primulingelb 53.
Propan 39.
Propionsäure 28, 31, 35, 36.
Proportionen, multiple 12.
Propylalkohol 33.
Propylenglykol 47.
Protein 23, 24.
Protocatechusäure 37.
Pseudoformen 50.
Pseudoharnsäure 38.
Pseudonitrole 45.
Ptomaine 42, 44, 51, 52.
Ptyalin 12, 15.
Purin 52.
Purpurin 17, 44.
Putrescin 51.
Pyrazol 55.
Pyren 24.
Pyridin 29, 32, 42, 46, 48, 55.
Pyridincarbonsäure 42.
Pyridin-Dicarbonsäuren 52.
Pyridinkörper 49.
Pyrimidin 52.
Pyrogallussäure 8, 15, 19, 22.
Pyro- s. Brenz-.
Pyrrol 21, 36.

Quecksilber-Alkyle 33.
Quecksilber-Äthyl 32.
Quecksilbersalze 5, 6.
Quercit 31, 47.
Quercitrin 11, 17.

Racemie 32, 33.
Racem-Körper, Spaltung 30, 32, 35, 47, 48, 50, 56.
Radiergummi 5.
Radikale 9, 27.
Radikale, aromatische 53.
Radikale, gemischte 34.
Radikale, mehrbasische 31.
radical oxalique 9.
Radikaltheorie 18.
Raffinose 46.

Reaktionen, umkehrbare 38.
Reaktions-Geschwindigkeit 31, 38.
Reduktase aus Hefe 54.
Reduktionsvermögen 14.
Reinhefe 53.
Resorcin 39, 40.
Reversion 56.
Rhodanin 46.
Rhodanwasserstoffsäure 11, 12.
Rhodizonsäure 17.
Ringschließung 44.
Ringstruktur 47.
Röhren, zugeschmolzene 24.
Rohrzucker 4, 13, 14, 46.
Rosenöl 1, 2.
Rosanilin 38.
Rosindulin 55.
Rosolsäure 22, 33, 38, 40.
Rübe 4.
Ruberythrinsäure 32.
Rufigallussäure 23.

Saccharin 49.
Saccharin, sog. 48.
Safranine 43, 48.
Safrol 52.
Salicin 19, 24.
Salicyl-Aldehyd 22—24.
Salicylsäure 24, 26, 29, 33, 41, 44.
Salicylsäure-Methylester 27.
Salpeter-Äther 3, 4, 11.
Salpeter-Naphtha 4.
Salpetrig-Säure 29, 30.
Salzäther 1, 2, 5, 11.
Santonin 19, 50.
Saponin 12, 15, 21, 33, 53.
Sarkin 31.
Sarkosin 30, 38.
Sättigungs-Kapazität 33.
Sättigungsvermögen 7.
Sauerkleesalz 2, 5, 6.
Sauerstoff, vierwertiger 45.
Säurechloride 29, 30.
Säuren, mehrbasische 24.
Schleimsäure 7.
Schleimsäure-Äthylester 23.
Schleimsäure-Methylester 23.
Schmelzpunkt 13, 29.
Schraubenform 35.
Schwefeläther 10.
Schwefelbestimmung 37, 42.
Schwefelcyan 15, 19.
Schwefelcyanallyl 28.
Schwefelcyankalium 18.
Schwefel im Protein 24.
Schwefelkohlenstoff 9, 11.
Sebacinsäure 10.
Seifen, harte und weiche 4.
Seignettesalz 3, 4.
Seitenketten 39.
Selen-Alkyle 34.

Selen-Äthyl 23.
Semicarbazid 47.
Senföl 2, 4, 15, 25, 34, 41.
Serin 39.
Siedepunkt 13, 26.
Silber, molekulares 41.
Silbersalze 4, 6.
Silicium-Alkyle 39.
Silicium-Tetramethylat 39.
Sinapin 17.
Skatol 46.
Solanin 16.
i-Sorbinose 53.
Spannungs-Theorie 52.
Spiköl 1.
Spiritus aethereus 4.
Stärke 3, 12, 13, 18, 35.
Stärkekörner 3, 14.
Stärke-Verflüssigung 13.
Stearinsäure 13, 32.
Stearoptene 3, 6.
Stereochemie 42, 44, 45, 53, 54.
Stereochemie des Stickstoffs 50, 55.
Stickstoff-Bestimmung 19, 21, 26, 51.
Stickstoff im Tierreich 8.
Stickstoff-Nachweis 10, 28.
Stickstoffwasserstoffsäure 55.
Stilben 29.
Struktur 37.
Strukturformeln 37.
Strychnin 14.
Styphninsäure 11, 29.
Styracin 18.
Styrol 20, 25, 26, 39.
Substitutions-Theorie 22.
Succinamid 23, 28.
Succinimid 28.
Succinylchlorid 33.
Succinylo-Bernsteinsäure 55.
Succinylo-Bernsteinsäure-ester 28, 45, 46, 50.
Sulfanilsäure 29.
Sulfine 39.
Sulfonal 53.
Sulfone 39.
Sumpfgas 5, 6, 8.
Sylvestren 46.
Synthese des Alizarins*) 41.
Synthese der Ameisensäure 34.
Synthese des Coniins 52.
Synthese der Essigsäure 28.
Synthese der Fette 33.
Synthese des Glycerins 34.
Synthese der Glykose 55.
Synthese der Glykoside 48.
Synthese des Harnstoffs 18.
Synthese des Indigos 47, 55.

---

*) Nur die allerwichtigsten Synthesen sind hier besonders angeführt.

## Sachregister

Synthese der Oxalsäure 17.
Synthesen, pyrogene 39.

Tanaceton 28.
Tannin 10.
Tartronsäure 32, 35.
Taurin 17, 18, 33, 38.
Tautomerie 52.
Tellur-Alkyle 26, 33.
Terebentene 33.
Terebinsäure 26.
Terephtalsäure 30, 39, 41, 53.
Terpene 52.
Terpene, olefinische 55.
Terpentinhydrat 21.
Terpentinöl 13, 14, 15, 20.
Terpentinöl-Chloride 22.
Terpentinöl-Hydrobromide 24.
Terpenylsäure 56.
Terpilen 45.
Terpin 27, 43.
Terpinen 48.
Terpineol 27, 31, 51, 53.
Terpinhydrat 51.
Terra foliata 2.
Tetraäthyl-Ammonium 31.
Tetrachlor-Äthylen 16.
Tetrachlor-Chinon 26.
Tetrachlormethan 25.
Tetraeder 35, 41.
Tetrahydro-Naphthalin 41.
Tetrahydro-Naphtole 54.
Tetra-Methylendiamine 51.
Tetra-Methylen-Derivate 51.
Tetranitro-Methan 37.
Tetrazofarbstoffe 46.
Thallium-Alkyle 42.
Thebain 21, 23.
Thein 18, 24.
Theobromin 27, 50.
Theophyllin 52.
Thermochemie 29, 32, 40, 42, 48.
Thiazol 53, 55.
Thio-Essigsäure 33.

Thioharnstoff 42.
Thionin 46.
Thiophen 50, 55.
Thujon 28.
Thymin 33.
Thymol 3, 9, 29.
Tieröl 2, 4.
Tieröl, ätherisches 3.
Tolan 41.
Toluidin 36, 38.
m-Toluidin 43.
o-Toluidin 41.
p-Toluidin 29.
Toluol 23, 27, 30, 39.
Toluylsäure 32.
Traganth 7.
Traubensäure 16, 18, 27.
Traubenzucker s. Glykose.
Triäthylen-Diamin 35.
Tricarballylsäure 38, 47.
Trichloressigsäure 9, 24, 27.
Trigonellin 53.
Trimethylamin 32.
Trimethylbenzol 40.
Trimethylcarbinol 39.
Trimethylen 49.
Tri-Methylen-Derivate 51.
Trimethylen-Glykol 43, 49.
Trinitro-Methan 35.
Trinitrophenol 46.
Trinitroresorcin 11, 29.
Triosen 53.
Trioxy-Anthrachinon 46.
Trioxymethyl-Anthrachinon 45.
Triphenyl-Methan 43, 46, 47.
Triphenyl-Rosanilin 38.
Tropäoline 46.
Tropasäure 40.
Trypsin 40.
Tryptophan 56.
Typen, gemischte 34.
Typentheorie 32.
Tyrosin 29, 47, 51.

Überchlorsäure-Ester 38.
Umkrystallisieren 9.

Ungesättigte Säuren aus Aldehyden 47.
Unitäre Theorie 30.
Unterchlorigsäure-Ester 52.
Uramil 24.

Valeriansäure 13, 26.
Valerionitril 29.
Valin 34.
Vanillin 20, 35, 44, 45.
Veratrin 16.
Verbindungen, alicyclische 54.
Verbrennungsrohr, horizontales 13.
Verbrennungswärme 29.
Verlauf, zeitlicher 31, 38.
Veronal 50.
Verseifung 7, 12.
Vogesensäure 16.
Volumen, spezifisches 26.

Wacholderöl 1.
Wasser, bei Verbrennung von Alkohol und Ölen 3, 4, 6.
Weinsäure 4, 6, 14, 18, 24, 36, 41.
i-(Anti-, Meso-) Weinsäure 33.
Weinsäure-Äther 11.
Weinstein 2, 3, 5, 7.
Wismut-Alkyle 32.
Wismut-Phenyl 53.

Xanthin 14, 35, 50, 52.
Xanthinbasen 35, 44, 49.
Xanthogensäure 16.
Xylol 31.
Xylose 55.

Zimtaldehyd 22, 34.
Zimtöl 1, 2.
Zimtsäure 5, 34, 49.
Zink-Alkyle 34, 37, 39.
Zinkmethyl 31, 32.
Zinkstaub 40, 43.
Zinn-Alkyle 32, 33.
Zuckerarten 18.
Zuckersäure 6, 8, 21.

## Schriften des nämlichen Verfassers:

**Geschichte des Zuckers,** seiner Darstellung und Verwendung seit den ältesten Zeiten bis zum Beginne der Rübenzuckerfabrikation. (Leipzig 1890; 474 S.)

**Die Entwicklung der Deutschen Zuckerindustrie von 1850 bis 1900.** Festschrift zum fünfzigjährigen Bestehen des Vereins der Deutschen Zuckerindustrie. (Leipzig 1900; 341 S.)

**Die Chemie der Zuckerarten.** 3. Auflage. (Braunschweig 1904; zwei Bände, 2004 S.)

**Analyse der Rohstoffe, Erzeugnisse und Hilfsprodukte der Zuckerfabrikation.** (Berlin 1911, 115 S.; Bd. IV von **Lunges** „Chemisch-technischen Untersuchungsmethoden", 6. Aufl.)

**Die beiden Grundschriften der Rübenzucker-Fabrikation: A. S. Marggraf (1747) und F. C. Achard (1803).** Neuausgabe mit Anmerkungen (Leipzig 1907; 72 S.)

**Abhandlungen und Vorträge zur Geschichte der Naturwissenschaften.** (Leipzig 1906 und 1913; Bd. I, 590 S.; Bd. 2, 491 S.)

Verlag von Julius Springer in Berlin W 9

**Entstehung und Ausbreitung der Alchemie.** Mit einem Anhange: Zur älteren Geschichte der Metalle. Ein Beitrag zur Kulturgeschichte. Von Professor Dr. **Edmund O. von Lippmann,** Dr.-Ing. E. H. der Technischen Hochschule zu Dresden, Direktor der „Zuckerraffinerie Halle" in Halle a. S. 1919.
Preis M. 36.—; gebunden M. 48.— (und Teuerungszuschlag)

**Aus den zahlreichen Besprechungen:**

Dieses Werk übersteigt die höchstgespannten Erwartungen, und ist, ... wie die Quellenwerke H. Kopps, ebenfalls ein Quellenwerk allerersten Ranges. Der Reichtum an Tatsachen, ... die Gelehrsamkeit und Belesenheit des Verfassers erfüllen mit staunender Bewunderung... Das Buch bietet mehr, als der Titel verspricht; es ist in Wahrheit eine Darstellung der chemischen, insbesondere der chemisch-technischen Kenntnisse des ganzen Altertumes. *Geh.-Rat. Prof. Dr. Richard Meyer in der „Chemiker-Zeitung".*

Meine hochgespannten Erwartungen wurden, je tiefer ich in das Buch eindrang, um so mehr befriedigt, ja übertroffen... Der Verfasser gehört noch zu den zuverlässigen Arbeitern der alten Schule... Sein Werk wird für lange Zeiten ein unentbehrliches Rüstzeug betreffs Alchemie und Astrologie bleiben, aber auch allgemein, kulturgeschichtlich betrachtet, ist der Ertrag der bedeutenden Arbeit enorm.
*Geh.-Rat. Prof. Dr. K. Sudhoff in „Die Naturwissenschaften".*

Auf dem verfügbaren Raum vermag ich keine Besprechung zu geben, die dem gewaltigen Stoff und der geleisteten Arbeit auch nur entfernt entspräche. Das Werk ist ein Fundament für jede weitere Forschung.
*Prof. Dr. J. Ruska in „Mitteilungen zur Geschichte d. Medizin und d. Naturwissensch."*

Verlag von **Julius Springer** in Berlin W 9

---

**Untersuchungen über Aminosäuren, Polypeptide und Proteïne.**
(1899—1906.) Von **Emil Fischer.** 1906. Preis M. 16.—

---

**Untersuchungen in der Puringruppe.** (1882—1906.) Von **Emil Fischer.**
1907. Preis M. 15.—

---

**Untersuchungen über Kohlenhydrate und Fermente.** (1884—1908.)
Von **Emil Fischer.** 1909. Preis M. 22.—; gebunden M. 24.—

---

**Untersuchungen über Kohlenhydrate.** Von Professor Dr. **Emil Fischer,**
Exzellenz, Wirklicher Geh. Rat. Band II. (Gesammelte Schriften aus dem Nachlaß
Emil Fischers.) Herausgegeben von Dr. **Max Bergmann,** Privatdozent an der Universität Berlin. Mit 8 Textfiguren. Erscheint Ende 1921

---

**Organische Synthese und Biologie.** Von **Emil Fischer.** Zweite, unveränderte Auflage. 1912. Preis M. 1.—

---

**Untersuchungen über Depside und Gerbstoffe.** (1908—1919.) Von
**Emil Fischer.** 1919. Preis M. 36.—

---

**Die Chemie der natürlichen Gerbstoffe.** Von Profesor Dr. **Karl Freudenberg,** Kiel. 1920. Preis M. 22.—

---

**Untersuchungen über die Assimilation der Kohlensäure.** Sieben Abhandlungen aus dem chemischen Laboratorium der Akademie der Wissenschaften in
München. Von **Richard Willstätter** und **Arthur Stoll.** Mit 16 Textfiguren und
1 Tafel. 1918. Preis M. 28.—

---

**Untersuchungen über Chlorophyll.** Methoden und Ergebnisse. (Aus dem
Kaiser Wilhelm-Institut für Chemie.) Von **Richard Willstätter** und **Arthur Stoll.**
Mit 16 Textfiguren und 11 Tafeln. 1913. Preis M. 18.—

---

**Die Gifte in der Weltgeschichte.** Toxikologische, allgemeinverständliche
Untersuchungen der historischen Quellen. Von Professor Dr. **L. Lewin.** 1920.
Preis M. 56.—; gebunden M. 68.—

---

**Geschichte der organischen Chemie.** Erster Band. Von Geh. Regierungsrat Professor Dr. **Carl Graebe,** Frankfurt a. M. 1920.
Preis M. 28.—; gebunden M. 41.60

---

Zu den angegebenen Preisen der angezeigten älteren Bücher treten Verlagsteuerungszuschläge, über die
die Buchhandlungen und der Verlag gern Auskunft erteilen.

MIX
Papier aus verantwortungsvollen Quellen
Paper from responsible sources
FSC® C105338

If you have any concerns about our products,
you can contact us on
**ProductSafety@springernature.com**

In case Publisher is established outside the EU,
the EU authorized representative is:
**Springer Nature Customer Service Center GmbH
Europaplatz 3, 69115 Heidelberg, Germany**

Printed by Libri Plureos GmbH
in Hamburg, Germany